Q 随手查

Excel
办公应用
技巧速查
（视频教学版）

IT教育研究工作室◎编著

中国水利水电出版社
www.waterpub.com.cn
·北京·

内 容 提 要

Excel 是微软公司开发的 Office 办公软件中的电子表格软件，被广泛地应用于市场销售、财务会计、人力资源、行政文秘等相关行业岗位，具有强大的数据统计与分析功能。

全书共分为 13 章。内容包括：Excel 的基础操作技巧，工作簿与工作表的管理技巧，表格数据的录入技巧，公式的应用技巧，函数（常用函数、财务函数、文本函数、逻辑函数、时间函数、数学函数、统计函数、查找函数）的应用技巧，数据的排序与筛选应用技巧，数据分析与汇总技巧，使用图表分析数据的技巧，数据透视表与数据透视图的应用技巧。

《随手查 Excel办公应用技巧速查（视频教学版）》内容系统全面，案例丰富，可操作性强。全书技巧以微软 Excel 2016 为蓝本，结合其他微软 Excel 常用版本（Excel 2007、2010、2013）进行编写，并以技巧罗列的形式进行编排，非常适合读者阅读与查询使用，是不可多得的职场办公必备案头工具书。

本书非常适合读者自学使用，尤其适合对 Excel 软件使用缺少经验和技巧的读者学习使用，也可以作为大、中专职业院校计算机相关专业的教材参考用书。

图书在版编目（CIP）数据

随手查 Excel办公应用技巧速查：视频教学版 /IT
教育研究工作室编著 . —北京：中国水利水电出版社，
2021.2
ISBN 978-7-5170-9392-3

Ⅰ . ①随… Ⅱ . ① I… Ⅲ . ①表处理软件 Ⅳ .
① TP391.13

中国版本图书馆 CIP 数据核字 (2021) 第 010197 号

书　　名	随手查 Excel办公应用技巧速查（视频教学版） SUISHOU CHA Excel BANGONG YINGYONG JIQIAO SUCHA
作　　者	IT教育研究工作室　编著
出版发行	中国水利水电出版社 （北京市海淀区玉渊潭南路1号D座 100038） 网址：www.waterpub.com.cn E-mail：zhiboshangshu@163.com 电话：（010）62572966-2205/2266/2201（营销中心）
经　　售	北京科水图书销售中心（零售） 电话：（010）88383994、63202643、68545874 全国各地新华书店和相关出版物销售网点
排　　版	北京智博尚书文化传媒有限公司
印　　刷	北京天颖印刷有限公司
规　　格	148mm×210mm　32开本　9.5印张　312千字　1插页
版　　次	2021年2月第1版　2021年2月第1次印刷
印　　数	0001—8000册
定　　价	79.80元

凡购买我社图书，如有缺页、倒页、脱页的，本社营销中心负责调换
版权所有·侵权必究

前 言

工作任务堆积如山，别人使用 Excel 工作很高效、很专业，我怎么不行？

使用 Excel 处理数据时，总是遇到这样那样的问题，百度搜索多遍，依然找不到需要的答案？

想成为 Excel 办公高手，要把数据处理与分析工作及时高效地做好，不懂一些 Excel 办公技巧怎么能行？

工作方法有讲究，提高效率有捷径。懂一些办公技巧，可以让你节约许多时间；懂一些办公技巧，可以解除你工作中的烦恼；懂一些办公技巧，可以让你少走许多弯路！

本书内容介绍

本书适合有 Excel 基础的学员，目的在于帮助职场人士进一步提高 Excel 活用、巧用的能力，高效解决工作中的制表、数据处理与分析难题，真正实现早做完不加班！

通过学习本书，你将获得"菜鸟"变"高手"的机会。以前，你只会简单地运用 Excel 软件，现在，你可以：

- ✓ 5 分钟制作专业报表，灵活录入、编辑各类数据、合理打印设置文件。
- ✓ 使用公式函数解决实际问题，数学函数、财务函数及其他常用函数，都能应用自如。
- ✓ 使用排序筛选分析简单问题，使用数据透视表、图表分析复杂问题。

本书有哪些特色

你花一本书的钱，买的不仅仅是一本书，而是一套超值的综合学习套餐。多维度学习套餐，真正超值实用！

❶ **同步学习素材**。提供了书中所有案例的素材文件，方便你跟着书中讲解同步练习操作。

❷ **同步视频教程**。配有与书同步的高质量、超清晰的多媒体视频教程，扫描书中二维码，即可手机同步学习。

❸ **1000个Office商务办公模板文件**。包括Word模板、Excel模板、PPT模板，拿来即用，不用再去花时间与精力收集整理。

❹ **《电脑入门必备技能手册》电子书**。即使你不懂电脑，也可以通过本手册的学习，掌握电脑入门技能，更好地学习Office办公应用技能。

❺ **《Office办公应用快捷键速查手册》电子书**。帮助你快速提高办公效率。

❻ **3小时Office快速入门视频教程**。即使你一点Office的基础都没有，也不用担心学不会，学完此视频就能快速入门。

温馨提示：以上内容可以通过以下步骤来获取学习资源。

	第1步：打开手机微信，单击【发现】→单击【扫一扫】→对准此二维码扫描→成功后进入【详细资料】页面，点击【关注】。
	第2步：进入公众号主页面，单击左下角的【键盘 ⌨】图标→在右侧输入"h365tQ"→单击【发送】按钮，即可获取对应学习资料的"下载网址"及"下载密码"。
	第3步：在电脑中打开浏览器窗口→在【地址栏】中输入上一步获取的"下载网址"，并打开网站→提示输入密码，输入上一步获取的"下载密码"→单击【提取】按钮。
	第4步：进入下载页面，单击书名后面的【下载 ⬇】按钮，即可将学习资源包下载到电脑中。若提示是【高速下载】还是【普通下载】，请选择【普通下载】。
	第5步：下载完后，有些资料若是压缩包，请通过解压软件（如WinRAR、7-zip等）进行解压即可使用。

适合哪些读者学习

✓ 有一点 Excel 基础，但无法高效应用的职场人士

✓ 想快速拥有一门核心技能，找到好工作的毕业生

✓ 需要提高办公技能的行政文秘人员

✓ 需要精通 Excel 的人力资源、销售和财会等专业人员

　　本书由 IT 教育研究工作室组织，一线办公专家和多位 MVP（微软全球最有价值专家）教师合作编写，他们具有丰富的 Office 软件应用技巧和办公实战经验，对于他们的辛苦付出在此表示衷心的感谢！同时，由于计算机技术发展非常迅速，书中疏漏和不足之处在所难免，敬请广大读者及专家指正。

　　读者交流 QQ 群：774775812。

✏ 读书笔记

目　录

第 1 章

Excel 的基础操作技巧

Excel 是 Microsoft Office 软件中的一个重要组件，也是目前办公领域普及范围比较广的数据分析、处理软件。本章将讲解如何对 Excel 环境进行优化设置，以便在使用 Excel 办公时可以提高工作效率。

下面，来看看以下一些日常办公中的常见问题，你是否会处理或已掌握。

✓ 制作工作表时经常使用的功能按钮在不同的选项卡中，你知道怎样把常用按钮添加到新建选项卡中，从而避免频繁切换选项卡吗？

✓ 每次保存工作簿都要选择复杂的保存路径，你知道如何更改 Excel 的默认保存路径吗？

✓ 每次新建工作簿都要将默认的等线字体更改为宋体，你知道怎样将宋体设置为默认字体吗？

✓ Excel 2016 新建的工作簿只有一张工作表，想要将默认的工作表数量改为 5，你会设置吗？

✓ 在对比工作簿中的两张工作表时，频繁切换效率较低，你知道怎样并排查看同一工作簿中的两张工作表吗？

✓ 在查看表格数据时，为了下翻之后也能看到表格标题，你知道该如何操作吗？

希望通过本章内容的学习，能帮助你解决以上问题，并学会 Excel 更多的环境设置和窗口设置技巧。

1.1 优化 Excel 的工作环境

扫一扫，看视频

使用 Excel 进行工作前，我们可以根据自己的使用习惯和工作需求，对其工作界面进行设置，如在快速访问工具栏中添加常用工具按钮、设置窗口颜色等。

1. 在快速访问工具栏中添加常用工具按钮

使用说明

使用 Excel 进行工作时，为了提高工作效率，可以将常用的一些操作按钮添加到快速访问工具栏中。

解决方法

例如，要在快速访问工具栏中添加【新建】按钮，具体操作方法如下。

第 1 步： ❶ 单击快速访问工具栏右侧的下拉按钮；❷ 在弹出的下拉列表中选择【新建】命令，如下图所示。

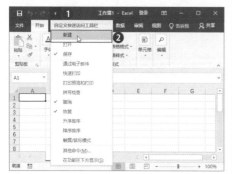

第 2 步： 操作完成后，即可查看到【新建】命令已经添加到快速访问工具栏中，如下图所示。

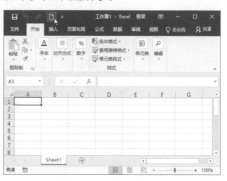

💡 温馨提示

在快速访问工具栏的下拉菜单中，前面打勾的表示该信息或工具已经出现在状态栏中，未打勾表示尚未在状态栏中显示。可以通过单击该菜单中的选项名称来显示或隐藏该选项。

2. 将常用命令按钮添加到快速访问工具栏中

使用说明

在 Excel 中，还可以将不在快速访问工具列表中显示，但又比较常用的命令按钮添加到快速访问工具栏中。

解决方法

例如，将功能区中的【插入函数】按钮添加到快速访问工具栏中，具体操作方法如下。

第 1 步： 单击【文件】菜单按钮，在打开的【文件】菜单中选择【选项】命令，如下图所示。

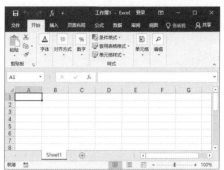

第 2 步： ❶ 打开【Excel 选项】对话框，在对话框的左侧选择【快速访问工具栏】选项；❷ 在【从下列位置选择命令】列表中选择类型，如【常用命令】；❸ 在命令列表中选择要添加的命令，如【插入函数】；❹ 单击【添加】按钮，即可将选择的按钮添加到右侧的列表中；❺ 单击【确定】按钮，如下图所示。

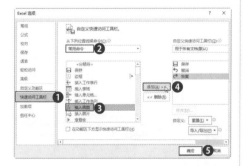

第 3 步： 操作完成后，即可查看到【插入函数】命令按钮 fx 已经添加到快速访问工具栏中，如下图所示。

3. 在工具栏中添加新的选项卡

📖 使用说明

　　在使用 Excel 时，可以将常用命令添加至一个新的选项卡中，这样可以在操作时免去频繁切换选项卡的操作，提高工作效率。

📄 解决方法

　　例如，要在工具栏中添加一个名为【常用命令】的新的选项卡，具体操作方法如下。

第 1 步： ❶ 使用前文所学的方法打开【Excel 选项】对话框，在对话框左侧单击【自定义功能区】选项卡；❷ 在对话框右侧单击【新建选项卡】按钮，如下图所示。

第2步： ❶ 勾选【新建选项卡（自定义）】复选框；❷ 单击【重命名】按钮，如下图所示。

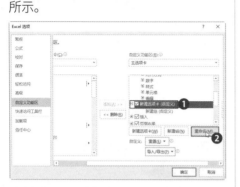

第3步： ❶ 在弹出的【重命名】对话框中的【显示名称】文本框中输入新选项卡的名称；❷ 单击【确定】按钮，如下图所示。

第4步： ❶ 返回【Excel 选项】对话框，选择【新建组（自定义）】选项；❷ 单击【重命名】按钮，如下图所示。

第5步： ❶ 在弹出的【重命名】对话框中选择相应的符号；❷ 单击【确定】

按钮，如下图所示。

第6步： ❶ 选中新建组，在【从下列位置选择命令】栏中选择需要添加的命令；❷ 单击【添加】按钮将其添加到新建组中；❸ 添加完成后单击【确定】按钮，如下图所示。

第7步： 操作完成后，返回工作表中即可查看到新建选项卡，如下图所示。

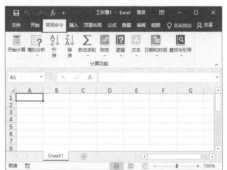

4. 快速显示或隐藏功能区

使用说明

在录入或者查看文件内容时，如果想在有限的窗口界面中显示更多的文件内容，可以将功能区进行隐藏。在需要应用功能区的相关命令或选项时，再将其进行显示。对功能区进行隐藏的操作并不会完全隐藏功能区，实际上是将功能区最小化后只显示出选项卡的部分。

解决方法

如果要显示和隐藏功能区，具体操作方法如下。

第 1 步： ❶ 在功能区的任意位置处右击；❷ 在打开的快捷菜单中选择【折叠功能区】命令，如下图所示。

第 2 步： ❶ 如果要显示功能区，可以在选项卡上右击；❷ 在打开的快捷菜单中取消选择【折叠功能区】命令，如下图所示。

知识拓展

单击窗口右上角的【最小化功能区】按钮 ∧ 可以快速隐藏功能区。

5. 将功能区同步到其他计算机

使用说明

为了提高工作效率，用户往往会将常用的一些命令添加到快速访问工具栏或功能区中，但当在其他计算机上工作或重新安装 Office 软件时，就需要再次添加相关命令。为了不再这么烦琐，可以将自定义设置的配置文件导出，然后在其他计算机上执行导入操作，以便获得相同的界面环境。

解决方法

例如，要在其他计算机上使用相同的功能区和快速访问工具栏，导出 / 导入自定义设置文件，具体操作方法如下。

第 1 步： ❶ 打开【Excel 选项】对话框，切换到【自定义功能区】选项卡；❷ 单击【导入 / 导出】按钮；❸ 在弹出的下拉菜单中选择【导出所有自定义设置】命令，如下图所示。

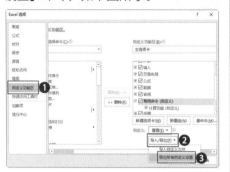

第 2 步： ❶ 在弹出的【保存文件】对话框中设置保存路径和文件名；❷ 单击【保存】按钮，如下图所示。

第 3 步： ❶ 将导出的自定义文件复制到其他计算机，打开【Excel 选项】对话框，切换到【自定义功能区】选项卡；❷ 单击【导入／导出】按钮；❸ 在弹出的下拉菜单中选择【导入自定义文件】命令，如下图所示。

第 4 步： ❶ 在弹出的【打开】对话框中选择自定义配置文件；❷ 单击【打开】按钮，如下图所示。

第 5 步： 弹出提示框询问是否替换此程序的全部现有的功能区和快速访问工具自定义设置，单击【是】按钮即可，如下图所示。

📋 知识拓展

在【Excel 选项】对话框的【自定义功能区】选项卡中，若单击【重置】按钮，在弹出的下拉列表中选择【重置所有自定义项】选项，即可快速将功能区恢复至默认设置。

6. 更改【Enter】键的功能

📇 使用说明

默认情况下，在 Excel 中使用【Enter】键的功能是结束当前单元格的输入并跳转到同一列下一行的单元格中。根据需要，用户可以对【Enter】键的功能进行更改，以便在按【Enter】键时，活动单元格向上、向左或向右移动。

解决方法

例如，设置按下【Enter】键后向右选择活动单元格,具体操作方法如下。

❶ 打开【Excel 选项】对话框,切换到【高级】选项; ❷ 在【编辑选项】栏中,保持【按 Enter 键后移动所选内容】复选框的默认勾选状态,在【方向】下拉列表中选择需要的移动方向,如【向右】; ❸ 单击【确定】按钮即可,如下图所示。

7. 设置 Excel 最近使用的文档个数

使用说明

默认情况下,【最近使用的文档】列表中显示了最近使用过的 25 个工作簿,根据实际操作需求,用户可以自行更改显示的个数。

解决方法

例如,要将最近使用的文档的个数设置为 15,具体操作方法如下。

❶ 打开【Excel 选项】对话框,切换到【高级】选项卡; ❷ 在【显示】选项组中,将【显示此数目的"最近使用的工作簿"】微调框的数值设置

为 15; ❸ 单击【确定】按钮,如下图所示。

温馨提示

如果在【显示此数目的"最近使用的工作簿"】数字框中输入 0,则不会在【文件】菜单中显示最近使用的工作簿名称,这样可以提高 Excel 文件的隐私性和安全性。

8. 更改工作簿的默认保存路径

使用说明

新建的工作簿都有一个默认保存路径,而在实际操作中,用户经常会选择其他保存路径。因此,根据操作需要,用户可将常用存储路径设置为默认保存位置。

解决方法

如果要更改工作簿的默认保存路径,具体操作方法如下。

❶ 打开【Excel 选项】对话框,切换到【保存】选项卡; ❷ 在【保存工作簿】栏的【默认本地文件位置】文本框中输入常用存储路径; ❸ 单击

【确定】按钮即可，如下图所示。

9. 更改新建工作簿的默认字体与字号

📋 使用说明

在新建工作簿中输入文本内容后，默认显示的字体为【等线】，字号为11。在实际操作中，许多用户对默认的字体并不满意，因此每次新建工作簿都会重新设置字体格式。根据这样的情况，我们可以更改新建工作簿时默认的字体与字号，这样新建的工作簿会采用更改后的字体与字号。

📖 解决方法

例如，要将默认的字体更改为【仿宋】，字号更改为 12，具体操作方法如下。

❶ 打开【Excel 选项】对话框，在【常规】选项卡下的【新建工作簿时】栏中的【使用此字体作为默认字】列表中选择字体，本例中选择【仿宋】；❷ 在【字号】下拉列表中选择字号，本例中选择 12；❸ 单击【确定】按钮即可，如下图所示。

10. 更改 Excel 的默认工作表张数

📋 使用说明

默认情况下，在 Excel 2016 中新建一个工作簿后，该工作簿中只有一张空白工作表，根据操作需要，用户可以更改工作簿中默认的工作表张数。

📖 解决方法

例如，要将默认的工作表张数设置为 5，具体操作方法如下。

❶ 打开【Excel 选项】对话框，在【常规】选项卡下的【新建工作簿时】栏中，将【包含的工作表数】微调框中的值设置为 5；❷ 单击【确定】按钮即可，如下图所示。

11. 将常用工作簿固定在最近使用列表中

使用说明

启动 Excel 2016 程序后，在打开的窗口左侧有一个【最近使用的文档】页面，该页面中显示了最近使用的工作簿，单击某个工作簿选项可快速打开该工作簿。另外，在 Excel 窗口中切换到【文件】选项卡界面，在左侧窗格中选择【打开】命令，在右侧窗格中会显示【最近使用的工作簿】列表，通过该列表也可以快速访问最近使用过的工作簿。

当打开多个工作簿后，通过【最近使用的文档】或【最近使用的工作簿】列表来打开最近使用的工作簿时，有可能列表中已经没有需要的工作簿了。因此，我们可以把需要频繁操作的工作簿固定在列表中，以方便使用。

解决方法

如果要把工作簿固定到【最近使用的工作簿】列表中，具体操作方法如下。

❶ 切换到【文件】选项卡界面，在左侧窗格中选择【打开】命令；❷ 在【最近使用的工作簿】列表中，将鼠标指针指向要固定的工作簿时，右侧会出现图标 📌，对其单击即可将该工作簿固定到【最近使用的工作簿】

列表中，如下图所示。

知识拓展

将某个工作簿固定到最近使用的工作簿列表中后，图标 📌 会变成 📌，此时单击该图标 📌，可取消工作簿的固定。

12. 自定义状态栏上显示的内容

使用说明

Excel 状态栏位于程序窗口底部，用于显示各种状态信息，如单元格模式、功能键的开关状态、视图切换及显示比例等。根据操作需要，我们可以自定义状态栏上要显示的内容，以确定需要显示哪些信息。

解决方法

例如，设置在状态栏中显示【最大值】和【最小值】信息，具体操作方法如下。

❶ 右击状态栏任意位置；❷ 在弹出的快捷菜单中分别选择【最大值】和【最小值】选项，使其呈勾选状态即可，如下图所示。

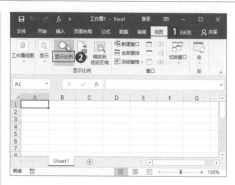

1.2 Excel 窗口的设置技巧

扫一扫，看视频

在编辑工作表时，为了提高工作效率，有必要掌握一些视图与窗口的调整技巧，如分页预览工作表、并排查看两张工作表，以及通过冻结功能让标题行和列在滚动时始终显示等。

1. 调整文档的显示比例

使用说明

默认情况下，Excel 工作表的显示比例为 100%，根据个人操作习惯，用户可以对其进行调整。

解决方法

例如，要将工作表的显示比例设置为 120%，具体操作方法如下。

第 1 步： ❶ 在要设置显示比例的工作表中，切换到【视图】选项卡；❷ 单击【显示比例】组中的【显示比例】按钮，如下图所示。

第 2 步： ❶ 弹出【显示比例】对话框，选中【自定义】单选按钮，在右侧的文本框中输入需要的显示比例，如 120；❷ 单击【确定】按钮即可，如下图所示。

温馨提示

用户可以通过单击状态栏右侧的调整比例按钮或拖动滑块来调整显示比例，也可以通过下面的方法来调整比例。拖动状态栏右侧【显示比例】区域上的缩放滑块，可以设置所需的百分比显示比例，可调整的范围是"10% ～ 400%"。单击状态栏中的【放大】➕、【缩小】➖ 图标，可以按每次 10% 的量减小或增大显示比例。

2. 如何分页预览工作表

使用说明

　　分页预览是 Excel 的一种视图模式，在该视图下，可以查看表格的分页效果，以便完成打印前的准备工作。

解决方法

　　如果要通过分页预览功能查看表格分页效果，具体操作方法如下。

第 1 步： 在【视图】选项卡的【工作簿视图】组中单击【分页预览】按钮，如下图所示。

第 2 步： 执行上述操作后，系统将根据工作表中的内容自动产生分页符（蓝色边框线便是自动产生的分页符），如下图所示。

3. 如何对两张工作表进行并排查看

使用说明

　　当要对工作簿中两张工作表的数据进行查看比较时，若通过切换工作表的方式进行查看，会显得非常烦琐。若能将两张工作表进行并排查看对比，则会大大提高工作效率。

解决方法

　　如果要对两张工作表的数据进行查看对比，具体操作方法如下。

第 1 步： 打开素材文件（位置：素材文件 \ 第 1 章 \2018 学生成绩表 .xlsx），在【视图】选项卡的【窗口】组中单击【新建窗口】按钮，如下图所示。

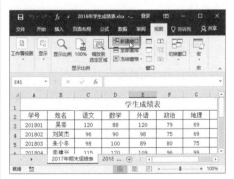

第 2 步： 自动新建一个副本窗口，在【视图】选项卡的【窗口】中单击【全部重排】按钮，如下图所示。

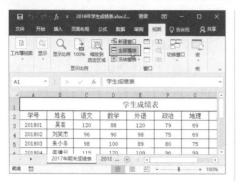

分为几个（最多4个）大小可调的窗格。拆分后，可以单独滚动其中的一个窗格并保持其他窗格不变，从而同时查看分隔较远的工作表数据。

解决方法

如果要将工作表拆分查看，具体操作方法如下。

第3步：❶ 弹出【重排窗口】对话框，选择排列方式，本例中选择【垂直并排】；❷ 单击【确定】按钮，如下图所示。

第4步： 原始工作簿窗口和副本窗口即可以垂直并排的方式进行显示，此时用户便可对两张工作表的数据同时进行查看了，如下图所示。

第1步：❶ 在工作表中选中要拆分窗口位置的单元格；❷ 在【视图】选项卡的【窗口】组中单击【拆分】按钮 ，如下图所示。

第2步： 窗口将被拆分为4个小窗口，单击水平滚动条或是垂直滚动条即可查看和比较工作表中的数据，如下图所示。

4.通过拆分窗格来查看表格数据

使用说明

在处理大型数据的工作表时，可以通过 Excel 的拆分功能，将窗口拆

5. 隐藏工作簿窗口

使用说明

完成一个工作簿的编辑后，如果不希望别人查看内容，则可以将其窗口隐藏起来。

解决方法

如果要将窗口隐藏起来，具体操作方法如下。

第 1 步: 在【视图】选项卡的【窗口】组中单击【隐藏窗口】按钮□，如下图所示。

第 2 步: 当前工作簿的窗口被隐藏，如下图所示。

知识拓展

隐藏工作簿窗口后，若要将其显示出来，则在【窗口】组中单击【取消隐藏】按钮，在弹出的【取消隐藏】对话框中选择需要显示的工作簿窗口，然后单击【确定】按钮即可。

6. 通过冻结功能让标题行和列在滚动时始终显示

使用说明

当工作表中有大量数据时，为了保证在拖动工作表滚动条时，能始终看到工作表中的标题，可以使用冻结工作表的方法。

解决方法

通过冻结功能让标题行和列在滚动时始终显示，具体操作方法如下。

第 1 步: 打开素材文件（位置：素材文件 \ 第 1 章 \ 销售清单 .xlsx），❶ 选中需要冻结的标题行的下一行中的任意单元格; ❷ 在【视图】选项卡的【窗口】组中单击【冻结窗格】下拉按钮; ❸ 在弹出的下拉菜单中选择需要的冻结方式即可,本例中选择【冻结拆分窗格】选项，如下图所示。

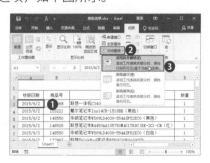

第2步： 此时，所选单元格上方的多行被冻结起来，拖动工作表滚动条查看表中的数据，被冻结的多行始终保持不变，如下图所示。

第 2 章

工作簿与工作表的管理技巧

　　Excel 是专门用来制作电子表格的软件，通过该软件，可以制作各种各样的表格。在使用该软件制作表格前，先掌握工作簿、工作表和单元格的相关操作技巧，可以使工作达到事半功倍的效果。

　　下面，来看看以下一些日常办公中工作簿与工作表的管理问题，你是否会处理或已掌握。

　　✓ 在 Excel 高版本中创建的文档转移到 Excel 低版本中，结果无法打开，你知道如何处理这种兼容问题吗？

　　✓ 工作中需要一次性插入多张工作表，一张一张的插入影响工作效率，你知道怎样一次插入多张工作表吗？

　　✓ 一个工作簿中的多张工作表名称相似，为了快速区分工作表，你知道怎样为工作表标签设置颜色吗？

　　✓ 在浏览内容较多的工作表时，想要快速定位到最后一行，有什么快捷的方法吗？

　　✓ 在计算工作表中的数据时，如果数值为 0 大多会显示为 0，能不能将 0 值数据隐藏，显示为空白呢？

　　希望通过本章内容的学习，能帮助你解决以上问题，并学会更多 Excel 工作簿与工作表的管理技巧。

2.1 工作簿的基本操作

扫一扫，看视频

工作簿就是通常说的 Excel 文档，主要用于保存表格的内容。下面介绍工作簿的操作技巧。

1. 使用模板快速创建工作簿

使用说明

Excel 自带许多模板，利用这些模板，我们可以快速创建各种类型的工作簿。

解决方法

如果要使用模板创建工作簿，具体操作方法如下。

第 1 步： ❶ 启动 Excel 2016，在打开的窗口中将显示程序自带的模板缩略图预览，此时可直接在列表框中单击需要的模板选项，也可以搜索联机模板，在文本框中输入关键字；❷ 单击【搜索】按钮 🔍，如下图所示。

第 2 步： 在搜索结果中选择需要的模板，如下图所示。

在 Excel 2007、2010 版本中，根据模板创建工作簿的操作方法略有不同。在 Excel 2007 中，需在 Excel 工作窗口中单击【Office】按钮，在弹出的下拉菜单中选择【新建】命令，在弹出的【新建工作簿】中选择模板创建工作簿即可；在 Excel 2010 中，需在 Excel 工作窗口中切换到【文件】选项卡，在左侧窗格中选择【新建】命令，在中间窗格中选择模板创建工作簿即可。

第 3 步： 在打开的窗口中可以查看模板的缩略图，如果确定使用，直接单击【创建】按钮，如下图所示。

第 4 步： 选择未下载过的模板，则系统会自行下载模板，完成下载后，Excel 会基于所选模板自动创建一个新工作簿，此时可发现基本内容、格式

和统计方式基本上都编辑好了，用户只需在相应的位置输入相关内容即可，如下图所示。

2. 将 Excel 工作簿保存为模板文件

使用说明

在办公过程中，经常会编辑工资表、财务报表等工作簿，若每次都新建空白工作簿，再依次输入相关内容，势必会影响工作效率，此时我们可以新建一个模板来提高效率。

解决方法

例如，要创建一个"工资表模板 .xltx"，具体操作方法如下。

第 1 步：❶ 新建一个空白工作簿，输入相关内容，并设置好格式及计算方式；❷ 选择【文件】命令，如下图所示。

第 2 步：❶ 打开【文件】选项卡，在左侧窗格选择【另存为】命令；❷ 在中间窗格选择【浏览】命令，如下图所示。

第 3 步：❶ 弹出【另存为】对话框，在【保存类型】下拉列表中选择【Excel 模板 (*.xltx)】选项，此时保存路径将自动设置为模板的存放路径（默认为 C:\Users\zz\ 文档 \ 自定义 Office 模板）；❷ 输入文件名；❸ 单击【保存】按钮即可，如下图所示。

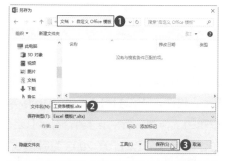

知识拓展

用户可以自己设定模板的存储位置，方法是：在【文件】选项卡中选择【选项】命令，在打开的【Excel 选项】对话框中切换到【保存】选项卡，在【默认个人模板位置】文本框中输入需要设置的路径即可。

第 4 步： 创建好"工资表模板 .xltx"后，就可以根据该模板创建新工作簿了，方法是：❶ 在 Excel 窗口中切换到【文件】选项卡界面，在左侧窗格选择【新建】命令；❷ 右侧窗格的模板缩略图预览中会出现【特色推荐】和【个人】选项，选择【个人】选项，就可以看到新建的模板了；❸ 单击模板即可基于该模板创建新工作簿，如下图所示。

3. 将工作簿保存为低版本可以打开的文件

📑 使用说明

若计算机中仅安装了低版本的 Excel 软件，无法打开 Excel 2016 版本编辑的工作簿，针对该类情况，可以将工作簿保存为 Excel 97-2003 兼容模式。

📑 解决方法

如果要将工作簿保存为低版本可以打开的文件，具体操作方法如下。

第 1 步： ❶ 在【文件】选项卡中选择【另存为】选项；❷ 选择【浏览】命令，如下图所示。

第 2 步： ❶ 弹出【另存为】对话框，设置保存路径及文件名后，在【保存类型】下拉列表中选择【Excel 97-2003 工作簿 (*.xls)】选项；❷ 单击【保存】按钮即可，如下图所示。

💡 温馨提示

在编辑工作簿时，如果使用了一些低版本没有的功能（如迷你图、切片器等），则将工作簿保存为兼容模式后会弹出对话框，提示用户某些内容无法保存，或者某些功能将会丢失或降级，此时若依然要保存为兼容模式，单击【继续】按钮即可。

4. 将低版本文档转换为高版本文档

📑 使用说明

将工作簿保存为 Excel 97-2003

兼容模式后，还可通过转换功能，将兼容模式文档快速转换为最新版本的文档。

解决方法

如果要将低版本文档转换为高版本文档，具体操作方法如下。

第 1 步： 打开素材文件（位置：素材文件 \ 第 2 章 \ 销售清单 .xlsx），切换到【文件】选项卡界面，默认显示的是【信息】页面，在中间窗格单击【转换】按钮，如下图所示。

第 2 步： 打开【另存为】对话框，设置保存路径后直接单击【保存】按钮，如下图所示。

5. 将工作簿保存为 PDF 格式的文档

使用说明

完成工作簿的编辑后，还可将其转换成 PDF 格式的文档。保存为 PDF 格式的文档后，不仅方便查看，还能防止其他用户随意修改内容。

解决方法

如果要将工作簿保存为 PDF 格式的文档，具体操作方法如下。

打开素材文件（位置：素材文件 \ 第 2 章 \ 销售清单 .xlsx），❶ 按下【F12】键，弹出【另存为】对话框，设置保存路径及文件名后，在【保存类型】下拉列表中选择【PDF(*.pdf)】选项；❷ 单击【保存】按钮即可，如下图所示。

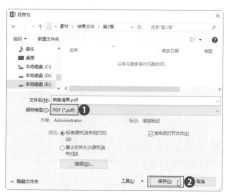

6. 将工作簿标记为最终状态

使用说明

将工作簿编辑好后，如果需要给其他用户查看，为了避免他人无意间修改工作簿，可以将其标记为最终状态。

随手查 Excel 办公应用技巧速查（视频教学版）

解决方法

如果要将工作簿标记为最终状态，具体操作方法如下。

第1步： ❶ 切换到【文件】选项卡界面，左侧窗格默认显示【信息】页面，直接在右侧窗格中单击【保护工作簿】按钮；❷ 在弹出的下拉菜单中选择【标记为最终状态】命令，如下图所示。

第2步： 弹出提示框提示当前工作簿将被标记为最终版本并保存，单击【确定】按钮，如下图所示。

第3步： 弹出提示框，单击【确定】按钮即可，如下图所示。

第4步： 返回工作簿中即可查看到文件已经被标记为最终版本，如果要编辑工作簿，可以单击上方的【仍然编辑】按钮，如下图所示。

7. 在受保护的视图中打开工作簿

使用说明

为了保护计算机的安全，对于存在安全隐患的工作簿，可以在受保护的视图中打开。在受保护视图模式下打开工作簿后，大多数编辑功能都将被禁用，此时用户可以检查工作簿中的内容，以降低可能发生的任何危险。

解决方法

如果要在受保护的视图中打开工作簿，具体操作方法如下。

第1步： ❶ 在 Excel 窗口中，打开【打开】对话框，选中需要打开的工作簿文件；❷ 单击【打开】按钮右侧的下拉按钮；❸ 在弹出的下拉菜单中选择【在受保护的视图中打开】命令，如下图所示。

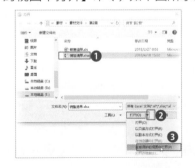

第 2 步： 所选工作簿即可在受保护视图模式下打开，此时功能区下方将显示警告信息，提示文件已在受保护的视图中打开，如下图所示。

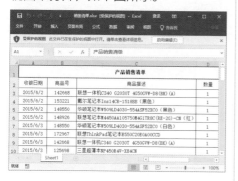

8. 启动 Excel 时自动打开指定的工作簿

使用说明

在实际工作应用中，为了提高工作效率，我们可以通过设置，让 Excel 每次启动时自动打开经常需要使用的工作簿。

解决方法

设置启动 Excel 时自动打开指定的工作簿的方法是：在计算机中安装 Office 软件后，其安装目录下会自动创建一个名为"XLSTART"的文件夹，用户只需将工作簿保存到该目录下即可。

如果不知道"XLSTART"文件夹的准确路径，可通过【Excel 选项】对话框进行查看，具体操作方法如下。

第 1 步： ❶ 打开【Excel 选项】对话框，切换到【信任中心】选项卡；❷ 在【Microsoft Excel 信任中心】栏中

单击【信任中心设置】按钮，如下图所示。

第 2 步： ❶ 弹出【信任中心】对话框，切换到【受信任位置】选项卡；❷ 在列表框中即可查看到"XLSTART"文件夹的准确路径，选中某个路径，会在列表框的下方显示详细信息，如下图所示。

温馨提示

因为本计算机安装了多个版本的 Office 程序，因此列表框中提供了两个"XLSTART"文件夹的路径，其中显示"默认位置：Excel 启动"的路径仅针对当前 Excel 版本的"XLSTART"文件夹路径，显示"默认位置：用户启动"的路径则是针对计算机中所有 Excel 版本的"XLSTART"文件夹路径。

2.2 工作表的管理

扫一扫，看视频

　　工作表就是 Excel 文件中的每张表格，在 2016 版中默认只有一张工作表，其名称为"Sheet1"，而在以前的版本中，默认有三张工作表。对于工作表的管理，也有相关操作技巧，下面将一一进行讲解。

1. 快速切换工作表

📋 **使用说明**

　　当工作簿中有两张以上的工作表时，就涉及工作表的切换操作，在工作表标签栏中单击某个工作表标签，就可以切换到对应的工作表。当工作表数量太多时，虽然也可以通过工作表标签切换，但会非常烦琐，这时我们可以通过右击快速切换工作表。

📖 **解决方法**

　　通过右击快速切换工作表的操作方法如下。

第 1 步： 右击工作表标签栏左侧的滚动按钮 ◂ ▸，如下图所示。

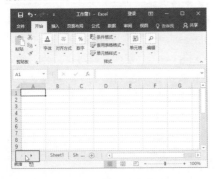

第 2 步： ❶ 弹出【激活】对话框，在列表框中选择需要切换到的工作表；❷ 单击【确定】按钮即可，如下图所示。

2. 一次性插入多张工作表

📋 **使用说明**

　　在编辑工作簿时，经常会插入新的工作表来处理各种数据。通常情况下，单击工作表标签栏右侧的【新工作表】按钮 ⊕，即可在当前工作表的右侧快速插入一张新工作表。除此之外，我们还可以一次性插入多张工作表，以便提高工作效率。

📖 **解决方法**

　　一次性插入多张工作表的具体操作方法如下。

第 1 步： ❶ 按下【Ctrl】键选中连续的多张工作表，右击任意选中的工作表标签；❷ 在弹出的快捷菜单中选择

【插入】命令，如下图所示。

第2步： ❶弹出【插入】对话框，选择【工作表】选项；❷单击【确定】按钮，如下图所示。

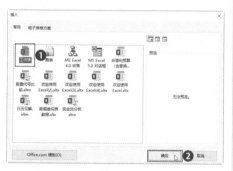

第3步： 返回工作簿，即可查看到工作簿中插入了三张新工作表，如下图所示。

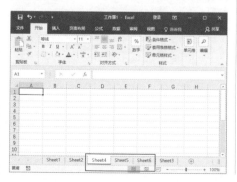

3. 重命名工作表

使用说明

在 Excel 中，工作表的默认名称为"Sheet1""Sheet2"等，根据需要，可对工作表进行重命名操作，以便区分和查询工作表数据。

解决方法

如果要更改工作表的名称，具体操作方法如下。

第1步： ❶右击要重命名的工作表的标签；❷在弹出的快捷菜单中选择【重命名】命令，如下图所示。

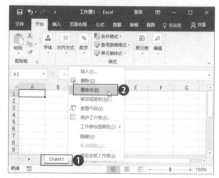

第2步： 此时工作表标签呈可编辑状态，如下图所示。

第 3 步： 直接输入工作表的新名称，然后按下【Enter】键确认即可，如下图所示。

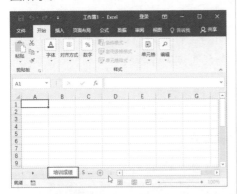

📖 **知识拓展**

双击工作表标签，可快速对其进行重命名操作。

4. 设置工作表标签颜色

📑 **使用说明**

当工作簿中包含的工作表太多，除了可以用名称进行区别外，还可以通过对工作表标签设置不同的颜色以示区别。

📋 **解决方法**

如果要为工作表标签设置不同的颜色，具体操作方法如下。

❶ 右击要设置颜色的工作表的标签；❷ 在弹出的快捷菜单中选择【工作表标签颜色】命令；❸ 在弹出的扩展菜单中选择需要的颜色即可，如下图所示。

5. 调整工作表的排列顺序

📑 **使用说明**

在工作簿中创建了多张工作表之后，为了让工作表的排列更加合理，我们可以调整工作表的排列顺序。

📋 **解决方法**

如果要调整工作表的排列顺序，具体操作方法如下。

在要移动的工作表标签上按下鼠标左键不放，将工作表拖动到合适的位置，然后释放鼠标左键即可，如下图所示。

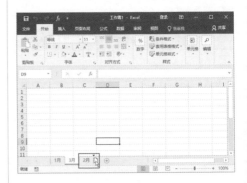

6. 复制工作表

使用说明

当要制作的工作表中有许多数据与已有工作表中的数据相同时，可通过复制工作表来提高工作效率。

解决方法

如果要复制工作表，具体操作方法如下。

第 1 步： 打开素材文件（位置：素材文件 \ 第 2 章 \ 销售清单 .xlsx），❶ 右击要复制的工作表对应的标签；❷ 在弹出的快捷菜单中选择【移动或复制】命令，如下图所示。

第 2 步： ❶ 弹出【移动或复制工作表】对话框，在【下列选定工作表之前】列表框中选择工作表的目标位置，如【（移至最后）】；❷ 勾选【建立副本】复选框；❸ 单击【确定】按钮即可，如下图所示。

7. 将工作表移动到新工作簿中

使用说明

除了复制工作表之外，还可以将工作表移动到其他工作簿中。

解决方法

如果要将工作表移动到新工作簿中，具体操作方法如下。

第 1 步： 打开素材文件（位置：素材文件 \ 第 2 章 \ 销售清单 .xlsx），❶ 右击要复制的工作表的标签；❷ 在弹出的快捷菜单中选择【移动或复制】命令，如下图所示。

第 2 步： ❶ 弹出【移动或复制工作表】对话框，在【将选定工作表移至工作簿】

列表框中选择【（新工作簿）】选项；❷
单击【确定】按钮即可新建一个工作
簿并将所选工作表移动到新工作簿中，
如下图所示。

8. 删除工作表

使用说明

如果工作簿中创建了多余的工作
表，可以删除工作表。

解决方法

如果要删除工作表，具体操作方
法如下。

❶ 在要删除的工作表的标签上右
击；❷ 在弹出的快捷菜单中选择【删除】
命令即可，如下图所示。

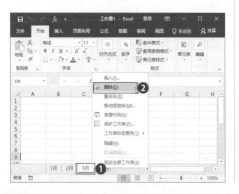

9. 隐藏与显示工作表

使用说明

对于有重要数据的工作表，如果
不希望其他用户查看，可以将其隐藏
起来。

解决方法

如果要隐藏工作表，具体操作方
法如下。

第 1 步： 打开素材文件（位置：素材
文件 \ 第 2 章 \ 出差登记表 .xlsx），❶
右击需要隐藏的工作表的标签；❷ 在
弹出的快捷菜单中选择【隐藏】命令
即可，如下图所示。

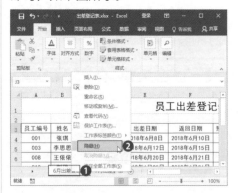

第 2 步： ❶ 隐藏了工作表之后，若
要将其显示出来，可以右击任意一个
工作表标签；❷ 在弹出的快捷菜单
中选择【取消隐藏】命令，如下图
所示。

第 3 步： ❶ 在弹出的【取消隐藏】对话框中选择需要显示的工作表；❷ 单击【确定】按钮即可，如下图所示。

💡 **温馨提示**

当工作簿中只有一张工作表时，不能执行隐藏工作表的操作，此时可以新建一张空白工作表，然后再隐藏工作表。

10. 全屏显示工作表内容

使用说明

当工作表内容过多时，可以切换到全屏视图，以方便查看表格内容。

解决方法

如果要全屏显示工作表内容，具体操作方法如下。

第 1 步： ❶ 打开【Excel 选项】对话框，切换到【快速访问工具栏】选项卡；❷ 在【从下列位置选择命令】下拉列表中选择【不在功能区中的命令】选项；❸ 在列表框中选择【切换全屏视图】选项；❹ 通过单击【添加】按钮将其添加到右侧的列表框中；❺ 单击【确定】按钮，如下图所示。

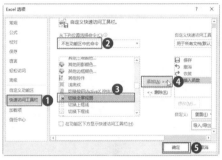

第 2 步： 返回工作表，在快速访问工具栏单击【切换全屏视图】按钮 ▣，如下图所示。

第 3 步： 通过上述操作后，工作表即可以全屏方式进行显示，从而可以显示更多的工作表内容，如下图所示。

第4步： 当需要退出全屏视图模式时，按下【ESC】键便可退出，或者右击任意单元格，在弹出的快捷菜单中选择【关闭全屏显示】命令即可，如下图所示。

2.3 行、列和单元格的编辑操作

扫一扫，看视频

工作表是由行、列和单元格组成的。如何对工作表中的行、列和单元格进行快速编辑操作，本节将会对此一一进行解答。

1. 快速插入多行或多列

使用说明

完成工作表的编辑后，若要在其中添加数据，就需要添加行或列，通常用户都会一行或一列的逐一插入。

如果要添加大量的数据，需要添加多行或多列时，逐一添加行或列会比较慢，影响工作效率，这时就有必要掌握添加多行或多列的方法。

解决方法

例如，要在工作表中插入4行，具体操作方法如下。

❶ 在工作表中选中4行，然后右击；❷ 在弹出的快捷菜单中选择【插入】命令，操作完成后，即可在选中的操作区域上方插入数量相同的行，如下图所示。

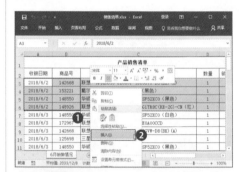

温馨提示

如果要插入多列，则是选中多列，再执行插入操作。

2. 交叉插入行

使用说明

前面讲解了快速插入多行的操作方法，通过该方法，只能插入连续的多行。如果要插入不连续的多行，依次插入会很浪费时间，此时可以使用交叉插入行的方法。

解决方法

如果要在工作表中交叉插入行，具体操作方法如下。

第 1 步： ❶ 按住【Ctrl】键不放，选择不连续的多行；❷ 选择开始选项卡中的【插入】命令，如下图所示。

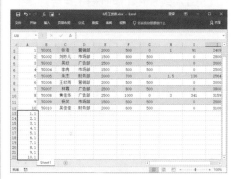

第 2 步： 操作完成后即可在所选行的上方插入对等数量的空白行，如下图所示。

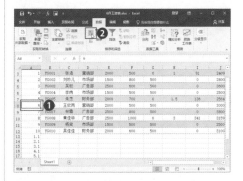

3. 隔行插入空行

使用说明

在工作表中插入行时，若希望每隔一行插入新的一行，则可以通过添加辅助列后再排序来达到这个目的。

解决方法

如果要在工作表中隔行插入空行，具体操作方法如下。

第 1 步： 在工作表的第 1 列前插入 1 列作为辅助列，根据行数输入序号"1、2、3……"，再在下方输入"1.1、2.1、3.1……"之类的序号，如下图所示。

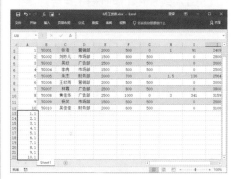

第 2 步： ❶ 选择辅助列的序号单元格区域；❷ 单击【数据】选项卡下【排序和筛选】组中的【升序】按钮，如下图所示。

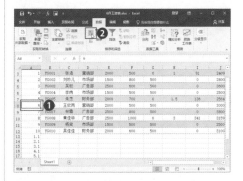

第 3 步： 操作完成后即可在工作表中隔行插入空行，然后删除工作表中的辅助列，如下图所示。

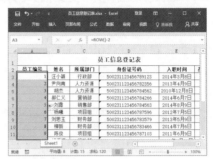

4. 在插入或删除行时保持编号连续

使用说明

在制作员工信息表、学生成绩表等表格时，一般都会有一列编号值。若在表格中插入或删除一行记录，其编号就会中断。如果希望在表格中插入或删除行后，保持编号连续，可以通过 ROW 函数插入表来实现。

解决方法

如果要在工作表中设置在插入或删除行时保持编号连续，具体操作方法如下。

第 1 步： 打开素材文件（位置：素材文件 \ 第 2 章 \ 员工信息登记表 .xlsx），在 A3 单元格中输入公式"=ROW()-2"，按下【Enter】键即可得出计算结果，如下图所示。

第 2 步： 通过填充功能向下复制公式，计算出所有员工的编号，如下图所示。

第 3 步： ❶ 选择数据区域中的任意单元格；❷ 切换到【插入】选项卡；❸ 单击【表格】组中的【表格】按钮，如下图所示。

第 4 步： 弹出【创建表】对话框，参数框中自动引用了表格中的数据区域，直接单击【确定】按钮即可，如下图所示。

第 5 步： 操作完成后，此后在表格中插入或删除行时，编号便会保持一致，如下图所示。

5. 精确设置行高与列宽

使用说明

默认情况下，行高与列宽都是固定的，当单元格中的内容较多时，可能无法将其全部显示出来，这时就需要设置单元格的行高与列宽了。

通常情况下，用户喜欢通过拖动鼠标的方式调整行高与列宽，但若要精确调整行高与列宽，就需要通过对话框进行设置。

解决方法

如果要在工作表中精确设置行高与列宽，具体操作方法如下。

第 1 步： ❶ 选中要设置行高的行，右击；❷ 在弹出的快捷菜单中选择【行高】命令，如下图所示。

第 2 步： ❶ 弹出【行高】对话框，在【行高】文本框中输入需要的行高值；❷ 单击【确定】按钮，如下图所示。

第 3 步： ❶ 返回工作表，选中需要设置列宽的列，右击；❷ 在弹出的快捷菜单中选择【列宽】命令，如下图所示。

第 4 步： ❶ 弹出【列宽】对话框，在【列宽】文本框中输入需要的列宽值；❷ 单击【确定】按钮即可，如下图所示。

知识拓展

选择行或列后，在【开始】选项卡的【单元格】组中单击【格式】按钮，在弹出的下拉列表中选择【行高】或【列宽】选项，也可以弹出【行高】或【列宽】对话框。

6. 设置最适合的行高与列宽

使用说明

默认情况下，行高与列宽都是固

定的，当单元格中的内容较多时，可能无法将其全部显示出来。通常情况下，用户喜欢通过拖动鼠标的方式调整行高与列宽，其实，可以使用更简单的自动调整功能调整最适合的行高或列宽，使单元格大小与单元格中的内容相适应。

解决方法

如果要设置自动调整行高和列宽，具体操作方法如下。

第 1 步： ❶ 选择要调整行高的行；❷ 在【开始】选项卡的【单元格】组中单击【格式】按钮；❸ 在弹出的下拉列表中选择【自动调整行高】选项，如下图所示。

第 2 步： ❶ 选择要调整列宽的列；❷ 选择【格式】按钮；❸ 在弹出的下拉列表中选择【自动调整列宽】选项，如下图所示。

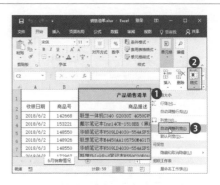

7. 隐藏与显示行或列

使用说明

工作表中如果存放有重要数据或暂时不用的行或列，可将其隐藏起来，这样既可以减少屏幕上的行、列数量，还可以防止工作表中重要数据因错误操作而丢失，起到保护数据的作用。

解决方法

例如，要在工作表中隐藏列，具体操作方法如下。

第 1 步： ❶ 选择要隐藏的列；❷ 在【单元格】组中单击【格式】按钮；❸ 在弹出的下拉列表中选择【隐藏和取消隐藏】选项；❹ 在弹出的扩展菜单中选择【隐藏列】命令，如下图所示。

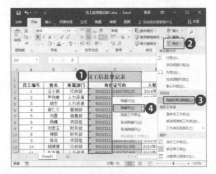

知识拓展

如果要对行进行隐藏操作，则选中需要隐藏的行，单击【格式】按钮，在弹出的下拉列表中选择【隐藏和取消隐藏】选项，在弹出的扩展菜单中选择【隐藏行】命令即可。此外，还可通过以下两种方式执行隐藏操作。

选中要隐藏的行或列，右击，在弹出的快捷菜单中选择【隐藏】命令。

选中某行后，按下【Ctrl+9】组合键可快速将其隐藏；选中某列后，按下【Ctrl+0】组合键可快速将其隐藏。

第 2 步： ❶ 所选列将被隐藏起来，如果要显示被隐藏的列，则可选中隐藏列所在位置的相邻两列；❷ 在【单元格】组中单击【格式】按钮；❸ 在弹出的下拉列表中选择【隐藏和取消隐藏】命令；❹ 在弹出的扩展菜单中选择【取消隐藏列】命令，如下图所示。

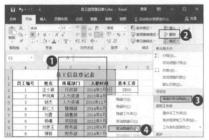

知识拓展

将鼠标指针指向隐藏了行的行号中线上，当鼠标指针呈 ⯮ 时，向下拖动鼠标，即可显示隐藏的行；将鼠标指针指向隐藏了列的列标中线上，当鼠标指针呈 ⯬ 时，向右拖动鼠标，即可显示隐藏的列。

8. 快速删除所有空行

使用说明

在编辑工作表中，有时需要将一些没有用的空行删除掉，若表格中的空行太多，逐个删除非常烦琐，此时可通过定位功能，快速删除工作表中的所有空行。

解决方法

如果要删除工作表中的所有空行，具体操作方法如下。

第 1 步： 打开素材文件（位置：素材文件 \ 第 2 章 \ 销售清单 1.xlsx），❶ 在数据区域中选择任意单元格；❷ 在【开始】选项卡的【编辑】组中，单击【查找和选择】按钮；❸ 在弹出的下拉列表中选择【定位条件】选项，如下图所示。

第 2 步： ❶ 弹出【定位条件】对话框，选中【空值】单选按钮；❷ 单击【确定】按钮，如下图所示。

第3步： 返回工作表，可以看见所有空白行呈选中状态，在【单元格】组中单击【删除】按钮即可，如下图所示。

9. 巧用双击定位到列表的最后一行

使用说明

在处理一些大型表格时，通常汇总数据在表格的最后一行，当要查看汇总数据时，若通过拖动滚动条的方式会非常缓慢，此时可以通过双击的方式进行快速定位。

解决方法

如果要通过双击快速定位到最后一行，具体操作方法如下。

第1步： 选择任意单元格，将鼠标指针指向该单元格下边框，待鼠标指针

呈时，双击，如下图所示。

第2步： 操作完成后即可快速跳转至最后一行，如下图所示。

10. 使用名称框定位活动单元格

使用说明

在工作表中选择要操作的单元格或单元格区域时，不仅可以通过鼠标进行选择，还可以通过名称框进行选择。

解决方法

如果要通过名称框选择单元格区域，具体操作方法如下。

第1步： 在名称框中输入要选择的单

元格区域范围，本例中输入 B4:E8，如下图所示。

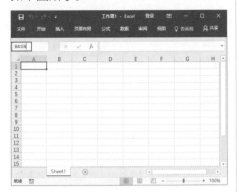

第 2 步： 按下【Enter】键，即可选中 B4:E8 单元格区域，如下图所示。

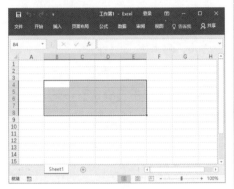

11. 选中所有数据类型相同的单元格

使用说明

在编辑工作表的过程中，若要对数据类型相同的多个单元格进行操作，就需要先选中这些单元格，除了通过常规的操作方法逐个选中外，还可以通过定位功能快速选择。

解决方法

如果要在工作表中选择所有包含

公式的单元格，具体操作方法如下。

第 1 步： 打开素材文件（位置：素材文件\第 2 章\6 月工资表 .xlsx），❶ 在【开始】选项卡中，单击【编辑】组中的【查找和选择】按钮；❷ 在弹出的下拉列表中选择【定位条件】选项，如下图所示。

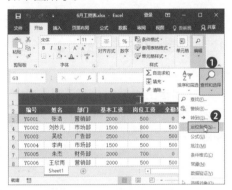

第 2 步： ❶ 弹出【定位条件】对话框，设置要选择的数据类型，本例中选中【公式】单选按钮；❷ 单击【确定】按钮，如下图所示。

第 3 步： 操作完成后，工作表中含有公式的单元格即可被选中，如下图所示。

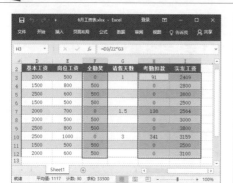

12. 隐藏重要单元格中的内容

使用说明

在编辑工作表时，对于某些重要数据不希望被其他用户查看，可将其隐藏起来。

解决方法

如果要隐藏工作表中的重要数据，具体操作方法如下。

第1步： 打开素材文件（位置：素材文件 \ 第 2 章 \ 员工信息表 1.xlsx），❶ 选中要隐藏内容的单元格区域，如 D3:D17；❷ 单击【开始】选项卡下【数字】组中的"对话框启动器"按钮 ，如下图所示。

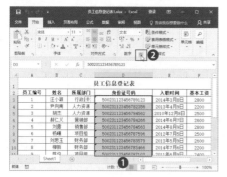

第2步： ❶ 打开【设置单元格格式】对话框，在【分类】列表框中选择【自定义】选项；❷ 在右侧的【类型】文本框中输入三个英文半角分号"；；；"，如下图所示。

第3步： ❶ 切换到【保护】选项卡；❷ 取消勾选【锁定】复选框，勾选【隐藏】复选框；❸ 单击【确定】按钮，如下图所示。

第4步： 此时单元格内容已经被隐藏起来了，但选中单元格后，还能在编辑栏中查看内容。为了防止其他用户将其显示出来，还需设置密码加强保

护。保持当前单元格区域的选中状态，使用前文所学的方法打开【保护工作表】对话框，❶ 在【允许此工作表的所有用户进行】列表框中勾选【选定未锁定的单元格】复选框；❷ 在【取消工作表保护时使用的密码】文本框中输入密码；❸ 单击【确定】按钮，如下图所示。

第 5 步：弹出【确认密码】对话框，再次输入密码，单击【确定】按钮即可。返回工作表，可以看见单元格中的内容彻底被隐藏了，如下图所示。

💡 **温馨提示**

　　隐藏单元格内容后，若要将其显示出来，可先撤销工作表保护，再打开【设置单元格格式】对话框，在【分类】列

表框中选择【自定义】选项，在右侧的【类型】列表框中选择【G/ 通用格式】选项，单击【确定】按钮，即可将单元格内容显示出来。设置了数字格式的单元格在显示出来后，内容可能会显示不正确，此时只需再设置正确的数字格式即可。

13. 将计算结果为 0 的数据隐藏

📖 **使用说明**

　　默认情况下，在工作表中输入 0，或公式的计算结果为 0 时，单元格中都会显示 0 值。为了醒目和美观，可以将 0 值隐藏起来。

📑 **解决方法**

　　如果要将 0 值数据隐藏起来，具体操作方法如下。

第 1 步：打开素材文件（位置：素材文件\第 2 章\8月 5 日销售清单 .xlsx），❶ 打开【Excel 选项】对话框，切换到【高级】选项卡；❷ 在【此工作表的显示选项】栏中，取消勾选【在具有零值的单元格中显示零】复选框；❸ 单击【确定】按钮，如下图所示。

第 2 步： 返回工作表，即可查看到计算结果为 0 的数据已经隐藏，如下图所示。

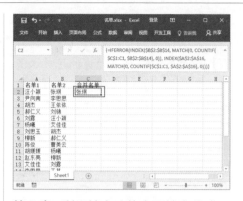

14. 合并两列数据并自动删除重复值

📋 使用说明

在工作表中的两列数据中，如果包含一些相同内容，想要将这两列数据进行合并，并自动删除重复值，可通过数组公式实现。

📖 解决方法

如果要合并数据并自动删除重复项，具体操作方法如下。

第 1 步： 打开素材文件（位置：素材文件\第 2 章\名单.xlsx），选中 C2 单元格，输入公式"=IFERROR(INDEX($B$2:$B$14.,MATCH(0,COUNTIF($C$1:C1,$B$2:$B$14),0)),INDEX($A$2:$A$16,MATCH(0,COUNTIF($C$1:C1,$A$2:$A$16),0)))"，然后按下【Ctrl+Shift+Enter】组合键确认，即可得出计算结果，如下图所示。

第 2 步： 利用填充功能向下填充公式，直到出现 #N/A 错误值为止，即可完成合并操作，如下图所示。

💡 温馨提示

公式中的"$C$1:C1"要根据实际情况进行更改，本例中由于第 1 个计算结果要存放在 C2 单元格，因此计算参数要设置为"$C$1:C1"。

15. 为单元格添加批注

📋 使用说明

单元格批注是为单元格内容添加的注释、提示等，为单元格添加批注可以起到提示用户的作用。

解决方法

如果要为单元格添加批注，具体操作方法如下。

第 1 步： 打开素材文件（位置：素材文件 \ 第 2 章 \ 出差登记表 .xlsx），❶选中要添加批注的单元格；❷单击【审阅】选项卡下【批注】组中的【新建批注】按钮，如下图所示。

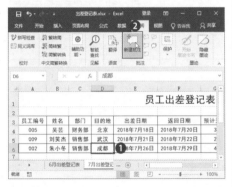

第 2 步： 单元格的批注框处于编辑状态，直接输入批注内容，如下图所示。

第 3 步： 添加了批注的单元格右上角显示红色标识，将鼠标指针移动到有红色标识符的单元作品时，将显示批注内容，如下图所示。

第 3 章

表格数据的录入技巧

在日常工作中，Excel 是处理数据的好帮手。在处理数据之前，需要先将数据录入到工作表中。在录入数据时，一些特殊数据需要设置才能正确显示；而一些有规律的数据，可以通过填充功能来快速录入；还有一些数据需要限制录入。本章介绍数据录入的技巧，让你在录入数据时能更加得心应手。

下面，来看看以下一些数据录入的常见问题，你是否会处理或已掌握。

- ✓ 在单元格中录入长数据时，超过 11 位会以科学记数法显示。如果要录入的是身份证号码和手机号码，应该怎样录入？
- ✓ 在录入编号时，编号前有一长串固定的英文字母，你知道怎样快速录入吗？
- ✓ 在录入有规律的数据时，你知道怎样通过填充来快速录入吗？
- ✓ 在其他软件中录入了数据，现在需要将这些数据录入到 Excel 工作表中，是重新录入还是直接导入呢？
- ✓ 制作需要他人填写的表格时，为了防止填写错误，能否限制表格的输入内容？
- ✓ 在制作需要他人填写的表格时，你知道怎样在单元格中设置录入前的提示信息吗？

希望通过本章内容的学习，能帮助你解决以上问题，并学会 Excel 更多的录入技巧。

3.1 快速输入特殊数据

扫一扫，看视频

在 Excel 工作簿中输入数据时，对于一些非常规的数据，输入的方法可能有些不同，例如，输入身份证号码、分数、邮政编码等。下面介绍输入特殊数据的方法。

1. 输入身份证号码

使用说明

在单元格中输入超过 11 位的数字时，Excel 会自动使用科学记数法来显示该数字，例如在单元格中输入了数字"123456789101"，该数字将显示为"1.23457E+11"。如果要在单元格中输入 15 位或 18 位的身份证号码，需要先将这些单元格的数字格式设置为文本。

解决方法

如果要在工作表中输入身份证号码，具体操作方法如下。

第 1 步： 打开素材文件（位置：素材文件\第 3 章\员工信息登记表.xlsx），❶ 选中要输入身份证号码的单元格区域；❷ 在【开始】选项卡下【数字】组中的【数字格式】下拉列表中选择【文本】选项，如下图所示。

技能拓展

在单元格中先输入一个英文状态下的单引号"'"，再在单引号后面输入数字，也可以实现身份证号码的输入。

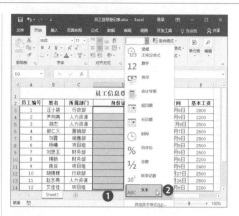

第 2 步： 操作完成后即可在单元格中输入身份证号码了，输入后的效果如下图所示。

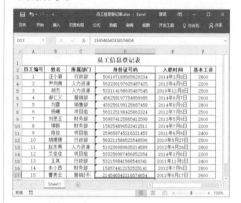

2. 输入分数

使用说明

默认情况下，在 Excel 中输入分数后会自动变成日期格式，例如在单元格中输入分数"2/5"，确认后会自动变成"2 月 5 日"。要输入分数，需按下面讲解的方法进行操作。

解决方法

如果要在单元格中输入分数，具

体操作方法如下。

第 1 步： 打开素材文件（位置：素材文件 \ 第 3 章 \ 市场分析 .xlsx），选中要输入分数的单元格，依次输入"0+ 空格 + 分数"，本例中输入"0 4/7"，如下图所示。

第 2 步： 完成输入后，按下【Enter】键确认即可，输入后的效果如下图所示。

3. 输入以 0 开头的数字编号

📇 使用说明

默认情况下，在单元格中输入以 0 开头的数字时，Excel 会将其识别成纯数字，从而直接省略掉 0。如果要在单元格中输入 0 开头的数字，可以通过设置文本的方式实现，也可以通过自定义

数据格式的方式实现。

🔍 解决方法

例如，要输入 0001 之类的数字编号，具体操作方法如下。

第 1 步： 打开素材文件（位置：素材文件\第3章\员工信息登记表1.xlsx），❶ 选中要输入 0 开头数字的单元格区域，打开【设置单元格格式】对话框，在【数字】选项卡的【分类】列表框中选择【自定义】选项；❷ 在右侧【类型】文本框中输入 0000（0001 是 4 位数，因此要输入 4 个 0）；❸ 单击【确定】按钮，如下图所示。

💡 温馨提示

通过设置文本格式的方式也可以输入以 0 开头的编号。

第 2 步： 返回工作表，直接输入"1、2……"后，将自动在数字前面添加 0，如下图所示。

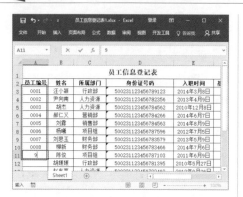

4. 巧妙输入位数较多的员工编号

使用说明

用户在编辑工作表的时候，经常需要输入位数较多的员工编号、学号、证书编号，如"LYG2014001、LYG2014002……"，可以发现编号的部分字符是相同的，若重复录入会非常烦琐，且易出错，此时，可以通过自定义数据格式快速输入。

解决方法

例如，要输入员工编号 LYG2018001，具体操作方法如下。

第 1 步：打开素材文件（位置：素材文件 \ 第 3 章 \ 员工信息登记表 1.xlsx）， ❶ 选中要输入员工编号的单元格区域，打开【设置单元格格式】对话框，在【数字】选项卡的【分类】列表框中选择【自定义】选项； ❷ 在右侧【类型】文本框中输入 "LYG2018"000（"LYG2018" 是重复固定不变的内容）； ❸ 单击【确定】按钮，如下图所示。

第 2 步：返回工作表，在单元格区域中输入编号后的序号，如"1、2……"，然后按下【Enter】键确认，即可显示完整的编号，如下图所示。

5. 快速输入部分重复的内容

使用说明

当要在工作表中输入大量含部分重复内容的数据时，通过自定义数据格式的方法输入，可大大提高输入速度。

解决方法

例如，要输入"开发一部、开发二部……"之类的数据，具体操作方法如下。

第 1 步： 打开素材文件（位置：素材文件 \ 第 3 章 \ 员工信息登记表 2.xlsx），❶ 选中要输入数据的单元格区域，打开【设置单元格格式】对话框，在【数字】选项卡的【分类】列表框中选择【自定义】选项；❷ 在右侧的【类型】文本框中输入"开发 @ 部"；❸ 单击【确定】按钮，如下图所示。

第 2 步： 返回工作表，只需在单元格中直接输入"一、二……"之类的数据，即可自动输入重复部分的内容，如下图所示。

6. 快速输入中文大写数字

使用说明

在编辑工作表时，有时还需要输入大写的中文数字。对于少量的中文大写数字，按照常规的方法直接输入即可；对于大量的中文大写数字，为了提高输入速度，可以先进行格式设置再输入，或者输入后再设置格式进行转换。

解决方法

例如，要将已经录入的数字转换为中文大写数字，具体操作方法如下。

第 1 步： 打开素材文件（位置：素材文件 \ 第 3 章 \ 家电销售情况 .xlsx），❶ 选择要转换成中文大写数字的单元格 B25，打开【设置单元格格式】对话框，在【数字】选项卡的【分类】列表框中选择【特殊】选项；❷ 在右侧【类型】列表框中选择【中文大写数字】选项；❸ 单击【确定】按钮，如下图所示。

第 2 步： 返回工作表，即可查看到所选单元格中的数字已经变为中文大写数字，如下图所示。

第 2 步： 返回工作表，即可看到手机号码已自动分段显示，如下图所示。

7. 对手机号码进行分段显示

使用说明

手机号码一般都由 11 位数字组成，为了增强手机号码的易读性，可以将其设置为分段显示。

解决方法

例如，要将手机号码按照 3、4、4 的位数进行分段显示，具体操作方法如下。

第 1 步： 打开素材文件（位置：素材文件\第 3 章\员工信息登记表 3.xlsx），❶ 选中需要设置分段显示的单元格区域，打开【设置单元格格式】对话框，在【数字】选项卡的【分类】列表框中选择【自定义】选项；❷ 在右侧【类型】文本框中输入 000-0000-0000；❸ 单击【确定】按钮，如下图所示。

8. 利用记忆功能快速输入数据

使用说明

在单元格中输入数据时，灵活运用 Excel 的记忆功能，可快速输入与当前列中其他单元格中相同的数据，从而提高输入效率。

解决方法

如果要利用记忆功能输入数据，具体操作方法如下。

第 1 步： 打开素材文件（位置：素材

文件 \ 第 3 章 \ 销售清单 .xlsx），选中要输入与当前列其他单元格相同数据的单元格，按下【Alt+ ↓】组合键，在弹出的下拉列表中将显示当前列的所有数据，此时可以选择需要录入的数据，如下图所示。

第 2 步： 当前单元格中将自动输入所选数据，如下图所示。

9. 快速输入系统日期和系统时间

使用说明

在编辑销售订单类的工作表时，通常会需要输入当时的系统日期和系统时间，除了常规的手动输入外，还可以通过快捷键快速输入。

解决方法

如果要使用快捷键快速输入系统日期和系统时间，具体操作方法如下。

第 1 步： 打开素材文件（位置：素材文件 \ 第 3 章 \ 销售订单 .xlsx），选中要输入系统日期的单元格，按下【Ctrl+;】组合键，如下图所示。

第 2 步： 选中要输入系统时间的单元格，按下【Ctrl+Shift+;】组合键即可，如下图所示。

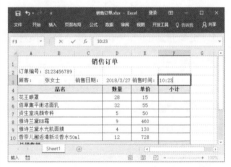

10. 快速在多个单元格中输入相同数据

使用说明

在输入数据时，有时需要在一些单元格中输入相同数据，逐个输入会非常耗时，为了提高输入速度，用户可按以下方法在多个单元格中快速输入相同数据。

📋 解决方法

例如，要在多个单元格中输入 1，具体操作方法如下。

选择要输入 1 的单元格区域，输入 1，然后按下【Ctrl+Enter】组合键确认，即可在选中的多个单元格中输入相同内容，如下图所示。

11. 在多张工作表中同时输入相同数据

📋 使用说明

在输入数据时，不仅可以在多个单元格中输入相同内容，还可以在多张工作表中输入相同数据。

📋 解决方法

例如，要在"6月""7月"和"8月"三张工作表中同时输入相同数据，具体操作方法如下。

第1步： 新建一个名为"新进员工考核表"的空白工作簿，通过新建工作表，使工作簿中含有三张工作表，然后分别为三张工作表命名为"6月""7月""8月"，如下图所示。

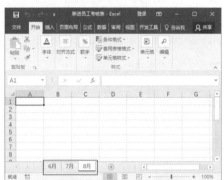

第2步： ❶ 按住【Ctrl】键，依次单击工作表对应的标签，从而选中需要同时输入相同数据的多张工作表，本例中选中"6月""7月""8月"三张工作表；❷ 直接在当前工作表中（如"6月"）输入需要的数据，如下图所示。

第3步： ❶ 完成内容的输入后，右击任意工作表标签；❷ 在弹出的快捷菜单中选择【取消组合工作表】命令，取消多张工作表的选中状态，如下图所示。

第 4 步：切换到"7 月"或"8 月"工作表，可看到在相同位置输入了相同内容，如下图所示。

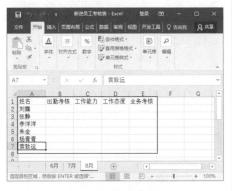

3.2　数据的快速填充和导入技巧

在 Excel 工作簿中输入数据时，可以通过填充的方法快速输入有规律的数据，还可以通过导入的方法输入其他程序中的数据。下面介绍快速填充和导入数据的技巧。

扫一扫，看视频

1. 利用填充功能快速输入相同数据

📇 使用说明

在输入工作表数据时，可以使用

Excel 的填充功能快速向上、向下、向左或向右填充相同数据。

📖 解决方法

例如，要向下填充数据，具体操作方法如下。

打开素材文件（位置：素材文件\第 3 章\员工信息登记表 2.xlsx），选中单元格，输入数据，如输入"销售部"，然后再次选中该单元格，将鼠标指针指向右下角，指针呈╋时，按住鼠标左键不放并向下拖动，拖动到目标单元格后释放鼠标左键即可，如下图所示。

2. 利用填充功能快速输入序列数据

📇 使用说明

利用填充功能填充数据时，还可以填充等差序列或等比序列数字。

📖 解决方法

例如，利用填充功能输入等比序列数字，具体操作方法如下。

第 1 步：❶ 在单元格中输入等比序列

的起始数据，如 2，选中该单元格；❷
在【开始】选项卡的【编辑】组中，
单击【填充】下拉按钮；❸ 在弹出的
下拉列表中选择【序列】命令，如下
图所示。

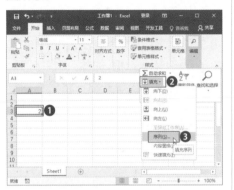

第 2 步： ❶ 弹出【序列】对话框，在
【序列产生在】栏中选中填充单选按钮，
如【列】，表示向下填充；❷ 在【类型】
栏中选择填充的数据类型，本例中选
中【等比序列】单选按钮；❸ 在【步
长值】文本框中输入步长值；❹ 在【终
止值】文本框中输入终止值；❺ 单击【确
定】按钮即可，如下图所示。

第 3 步： 操作完成后即可查看到填充
效果，如下图所示。

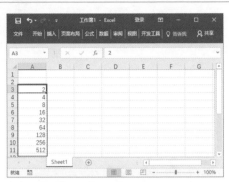

通过拖动鼠标的方式也可以填充序列
数据，操作方法是：在单元格中依次输入
序列的两个数字，并选中这两个单元格，
将鼠标指针指向第二个单元格的右下角，
指针呈╋时按住鼠标右键不放并向下拖
动，当拖动到目标单元格后释放鼠标右键，
在自动弹出的快捷菜单中选择【等差序列】
或【等比序列】命令，即可填充相应的序
列数据。当指针呈╋时，按住鼠标左键向
下拖动，可直接填充等差序列。

3. 自定义填充序列

📋 **使用说明**

在编辑工作表数据时，经常需要
填充序列数据。Excel 提供了一些内置
序列，用户可以直接使用。对于经常
使用而内置序列中没有的数据序列，
则需要自定义数据序列，之后便可填
充自定义的序列，从而加快数据的输
入速度。

🔍 **解决方法**

例如，要自定义"助教、讲师、
副教授、教授"序列，具体操作方法

如下。

第 1 步: 打开【Excel 选项】对话框,单击【高级】选项卡下【常规】栏中的【编辑自定义列表】按钮,如下图所示。

第 2 步: ❶ 弹出【自定义序列】对话框,在【输入序列】文本框中输入自定义序列的内容; ❷ 单击【添加】按钮,将输入的数据序列添加到左侧的【自定义序列】列表框中; ❸ 依次单击【确定】按钮退出,如下图所示。

第 3 步: 经过上述操作后,在单元格中输入自定义序列的第一个内容,再利用填充功能向下拖动鼠标,即可自动填充自定义的序列,如下图所示。

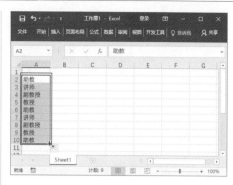

4. 快速填充所有空白单元格

📑 使用说明

在输入表格数据时,有时需要在多个空白单元格内输入相同的数据内容。除了手动逐一输入,或者手动选中空白单元格,然后按下【Ctrl+Enter】组合键快速输入数据外,还可以利用 Excel 提供的定位条件功能选择空白单元格,然后再按下【Ctrl+Enter】组合键,快速在空白单元格中输入相同的数据内容。

📑 解决方法

快速填充所有空白单元格的具体操作方法如下。

第 1 步: 打开素材文件(位置:素材文件 \ 第 3 章 \ 答案 .xlsx),❶ 在工作表的数据区域中,选中任意单元格;❷ 在【开始】选项卡的【编辑】组中单击【查找和选择】按钮;❸ 在弹出的下拉列表中选择【定位条件】选项,如下图所示。

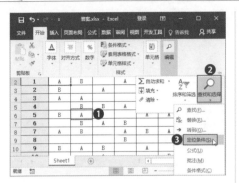

第 2 步： ❶ 弹出【定位条件】对话框，选中【空值】单选按钮；❷ 单击【确定】按钮，如下图所示。

第 3 步： 返回工作表，可以看见所选单元格区域中的所有空白单元格呈选中状态，输入需要的数据内容，如 C，按下【Ctrl+Enter】组合键，即可快速填充所选空白单元格，如下图所示。

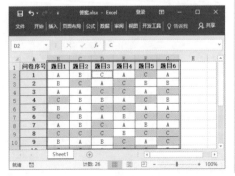

5. 自动填充日期值

📇 使用说明

在编辑记账表格、销售统计等类型的工作表时，经常要输入连贯的日期值，除了使用手动输入外，还可以通过填充功能快速输入，以提高工作效率。

📑 解决方法

如果要自动填充日期值，具体操作方法如下。

第 1 步： 打开素材文件（位置：素材文件\第 3 章\海尔冰箱销售统计.xlsx），在单元格中输入起始日期，并选中该单元格，将鼠标指针指向单元格的右下角，指针呈 ➕ 时按住鼠标右键不放并向下拖动，当拖动到目标单元格后释放鼠标右键，在自动弹出的快捷菜单中选择日期填充方式，如【以月填充】，如下图所示。

第 2 步： 操作完成后即可按月填充序列，如下图所示。

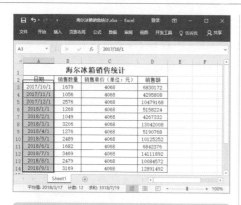

温馨提示

当指针呈 **＋** 时，若按住鼠标左键向下拖动，可直接按【以天数填充】方式填充日期值。

6. 从 Access 文件导入数据到工作表中

使用说明

如果已经在 Access 文件中制作了数据工作表，可以将其直接导入到 Excel 工作表中。

解决方法

如果要从 Access 文件导入数据到工作表中，具体操作方法如下。

第 1 步：打开素材文件（位置：素材文件 \ 第 3 章 \ 从 Access 导入数据 .xlsx），选择【数据】选项卡下【获取外部数据】组中的【自 Access】命令，如下图所示。

第 2 步：❶ 打开【选取数据源】对话框，选择数据源（位置：素材文件 \ 第 3 章 \ 联系人管理 .accdb）；❷ 单击【打开】按钮，如下图所示。

第 3 步：❶ 打开【选择表格】对话框，在列表框中选择要导入的表格；❷ 单击【确定】按钮，如下图所示。

第 4 步：❶ 打开【导入数据】对话框，在【请选择该数据在工作簿中的显示方式】栏中选中【表】单选按钮；❷

在【数据的放置位置】栏中选中【现有工作表】单选按钮，并选择 A1 单元格作为放置数据的起始单元格；❸ 单击【确定】按钮，如下图所示。

第 5 步： 返回工作表，即可查看到 Access 中的数据已经导入到工作表中，如下图所示。

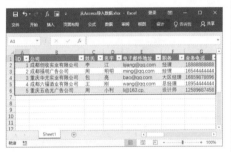

7. 从网页导入数据到工作表中

📋 使用说明

在工作表中导入外部数据时，不仅可以导入计算机中文本文件的内容，还可以导入网页中的数据，以便能及时、准确地获取需要的数据。需要注意的是，在导入网页中的数据时，需要保证计算机已连接网络。

📋 解决方法

如果要从网页导入数据到工作表中，具体操作方法如下。

第 1 步： 启动 Excel 软件，选择【数据】选项卡下【获取外部数据】组中的【自网站】命令，如下图所示。

第 2 步： ❶ 弹出【新建 Web 查询】对话框，在地址栏中输入要导入数据的网址；❷ 单击【转到】按钮；❸ 打开网页内容，单击表格前的➡图标，如下图所示。

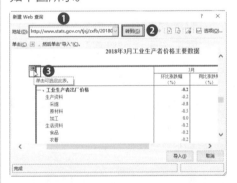

💡 温馨提示

在上述操作中，若不单击表格前的➡图标，而是直接单击【导入】按钮，则会将网页的所有内容导入到工作表中。

第 3 步： ➡图标变成▨图标，此时表格呈选中状态，单击【导入】按钮，如下图所示。

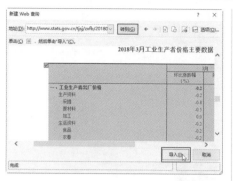

第 4 步： 弹出【导入数据】对话框，直接单击【确定】按钮，如下图所示。

第 5 步： 返回工作表，系统将会从网页上获取数据，完成获取后，就会在工作表中显示数据内容，如下图所示。

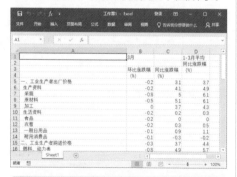

💡 **温馨提示**

　　在导入网站数据的所在区域中，选中任意单元格并在其上右击，在弹出的快捷菜单中选择【刷新】命令，也可实现更新操作。若选择【数据范围属性】命令，可在弹出的【外部数据区域属性】对话框中设置定时刷新或打开文件时刷新数据。

8. 从文本文件导入数据到工作表中

📋 **使用说明**

　　在工作表中输入数据时，还可以从文本文件中导入数据，从而提高输入速度。

📑 **解决方法**

　　如果要从文本文件导入数据到 Excel 工作表中，具体操作方法如下。

第 1 步： 启动 Excel 软件，选择【数据】选项卡下【获取外部数据】组中的【自文本】选项，如下图所示。

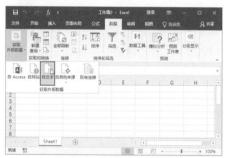

第 2 步： ❶ 弹出【导入文本文件】对话框，选中要导入的文本文件；❷ 单击【导入】按钮，如下图所示。

第 3 步： ❶ 弹出【文本导入向导 - 第1 步，共 3 步】对话框，在【请选择

最合适的文件类型】栏中选中【分隔符号】单选按钮；❷ 单击【下一步】按钮，如下图所示。

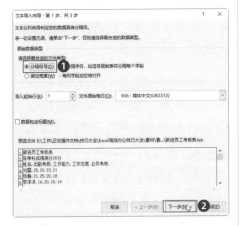

第 4 步： ❶ 弹出【文本导入向导 - 第2步，共3步】对话框，在【分隔符号】栏中勾选【逗号】复选框；❷ 单击【下一步】按钮，如下图所示。

第 5 步： ❶ 弹出【文本导入向导 - 第3步，共3步】对话框，在【列数据格式】栏中选中【常规】单选按钮；❷ 单击【完成】按钮，如下图所示。

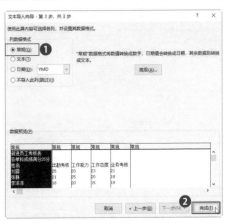

第 6 步： 弹出【导入数据】对话框，直接单击【确定】按钮，如下图所示。

第 7 步： 返回工作表，可以看到系统将文本文件中的数据导入到了当前工作表中，如下图所示。

3.3　设置数据的有效性

数据验证功能用来验证用户输入到单元格中的数据是否有效，以及限制输入数据的类型或范围等，从而减少输入错误，提高工作效率。本节将讲解数据验证的相关操作技巧，如只允许在单元格中输入数字、为数据输入设置下拉列表等。

扫一扫，看视频

1. 只允许在单元格中输入数字

📖 使用说明

在工作表中输入数据时，如果某列的单元格中只能输入数字，则可以设置限制在该列中只能输入数字而不能输入其他内容。

📄 解决方法

如果要设置在单元格区域中只能输入数字，具体操作方法如下。

第 1 步： 打开素材文件（位置：素材文件\第 3 章\海尔冰箱销售统计1.xlsx），❶ 选择要设置内容限制的单元格区域，本例选择 B3:B14；❷ 单击【数据】选项卡下【数据工具】组中的【数据验证】按钮，如下图所示。

> #### 📘 知识拓展
>
> 在 Excel 2007、2010 中，单击【数据】选项卡下【数据工具】组中的【数据有效性】按钮，打开【数据有效性】对话框进行设置。

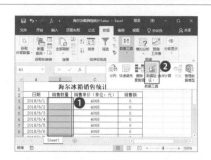

第 2 步： ❶ 弹出【数据验证】对话框，在【允许】下拉列表中选择【自定义】选项；❷ 在【公式】文本框中输入"=ISNUMBER(B3)"（ISNUMBER 函数的目的是用于测试输入的内容是否为数值，B3 是指选择单元格区域的第一个活动单元格）；❸ 单击【确定】按钮，如下图所示。

第 3 步： 经过以上操作后，在 B3:B14 单元格区域中如果输入除数字以外的其他内容就会出现错误提示的警告，如下图所示。

2. 为数据输入设置下拉选择列表

使用说明

通过设置下拉选择列表，可以在输入数据时选择设置好的单元格内容，提高工作效率。

解决方法

如果要在工作表中设置下拉选择列表，具体操作方法如下。

第1步： 打开素材文件（位置：素材文件\第3章\员工信息登记表2.xlsx），❶ 选择要设置内容限制的单元格区域；❷ 单击【数据】选项卡下【数据工具】组中的【数据验证】按钮，如下图所示。

第2步： ❶ 弹出【数据验证】对话框，在【允许】下拉列表中选择【序列】选项；❷ 在【来源】文本框中输入以英文逗号为间隔的序列内容；❸ 单击【确定】按钮，如下图所示。

第3步： 返回工作表，单击设置了下拉选择列表的单元格，其右侧会出现一个下拉箭头，单击该箭头，将弹出一个下拉列表，选择某个选项，即可快速在该单元格中输入所选内容，如下图所示。

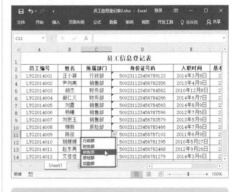

温馨提示

在设置下拉选择列表时，在【数据验证】对话框的【设置】选项卡中，一定要确保【提供下拉箭头】复选框为勾选状态（默认是勾选状态），否则选择设置了数据有效性下拉选择列表的单元格后，不会出现下拉箭头，从而无法弹出下拉列表供用户选择。

3. 限制重复数据的输入

使用说明

在 Excel 中录入数据时，有时会要求某个区域的单元格数据具有唯一性，如身份证号码、发票号码之类的数据。在输入过程中，有可能会因为输入错误而导致数据相同，此时可以通过数据验证功能防止重复输入。

解决方法

如果要为工作表设置防止重复输入的功能，具体操作方法如下。

第 1 步： 打开素材文件（位置：素材文件 \ 第 3 章 \ 员工信息登记表 1.xlsx），❶ 选中要设置防止重复输入的单元格区域，本例选择 A3:A17，打开【数据验证】对话框，在【允许】下拉列表中选择【自定义】选项；❷ 在【公式】文本框中输入"=COUNTIF($A$3:$A$17,A3)<=1"；❸ 单击【确定】按钮，如下图所示。

第 2 步： 返回工作表中，当在 A3:A17 单元格区域中输入重复数据时，就会出现错误提示的警告，如下图所示。

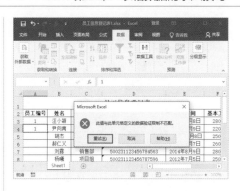

4. 设置单元格文本的输入长度

使用说明

编辑工作表数据时，为了加强输入数据的准确性，可以限制单元格文本的输入长度，当输入的内容超过或低于设置的长度时，系统就会出现错误提示的警告。

解决方法

如果要设置单元格文本的输入长度，具体操作方法如下。

第 1 步： 打开素材文件（位置：素材文件 \ 第 3 章 \ 身份证号码采集表 .xlsx），❶ 选中要设置文本长度的单元格区域 B3:B15，打开【数据验证】对话框，在【允许】下拉列表中选择【文本长度】选项；❷ 在【数据】下拉列表中选择【介于】选项；❸ 分别设置文本长度的【最小值】和【最大值】；❹ 单击【确定】按钮。如下图所示。

第 2 步： 返回工作表中，在 B3:B15 单元格区域中输入内容时，若文本长度没有在 15~18 之间，则会出现错误提示的警告，如下图所示。

5. 设置单元格数值的输入范围

使用说明

输入表格数据时，为了保证输入的正确率，可以通过数据验证设置数值的输入范围。

解决方法

如果要设置单元格数值的输入范围，具体操作方法如下。

第 1 步： 打开素材文件（位置：素材文件 \ 第 3 章 \ 商品定价表 .xlsx），❶ 选中要设置数值输入范围的单元格区

域 B3:B8，打开【数据验证】对话框，在【允许】下拉列表中选择【整数】选项；❷ 在【数据】下拉列表中选择【介于】选项；❸ 分别设置文本长度的【最小值】和【最大值】，如【最小值】为【320】，【最大值】为【650】；❹ 单击【确定】按钮。如下图所示。

第 2 步： 返回工作表中，在 B3:B8 单元格区域中输入 320~650 之外的数据时，会出现错误提示的警告，如下图所示。

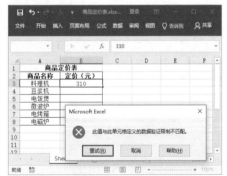

6. 限定单元格输入小数的位数不超过 2 位

使用说明

在单元格中输入含有小数的数字时，还可以通过设置有效性来限制输

入小数的位数不超过 2 位。

解决方法

如果要设置小数位数不能超过 2 位，具体操作方法如下。

第 1 步： 打开素材文件（位置：素材文件 \ 第 3 章 \ 商品定价表 .xlsx），❶ 选中要设置数值输入范围的单元格区域 B3:B8，打开【数据验证】对话框，在【允许】下拉列表中选择【自定义】选项；❷ 在【公式】文本框中输入公式 "=TRUNC(B3,2)=B3"；❸ 单击【确定】按钮。如下图所示。

第 2 步： 返回工作表中，在 B3:B8 单元格区域中输入的数字超过 2 位小数位数时，便会出现错误提示的警告，如下图所示。

7. 设置使单元格只能输入汉字

使用说明

输入表格数据时，有的单元格只能允许输入汉字，为了防止输入汉字以外的内容，可通过数据验证功能设置限制条件。

解决方法

如果要设置只能在单元格中输入汉字，具体操作方法如下。

第 1 步： 打开素材文件（位置：素材文件 \ 第 3 章 \ 采购发票 .xlsx），❶ 选中要设置数值输入范围的单元格 B8，打开【数据验证】对话框，在【允许】下拉列表中选择【自定义】选项；❷ 在【公式】文本框中输入公式 "=ISTEXT(B8)"；❸ 单击【确定】按钮。如下图所示。

第 2 步： 返回工作表，在 B8 单元格中输入阿拉伯数字时，便会出现错误提示的警告，如下图所示。

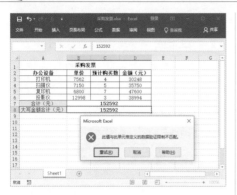

8. 圈释表格中无效的数据

使用说明

在编辑工作表的时候，还可以通过 Excel 的圈释无效数据功能，快速找出错误或不符合条件的数据。

解决方法

如果要在工作表中圈释无效数据，具体操作方法如下。

第 1 步： 打开素材文件（位置：素材文件\第 3 章\员工信息登记表 3.xlsx），❶ 选中要进行操作的数据区域，打开【数据验证】对话框，在【允许】列表中选择数据类型，本例中选择【日期】；❷ 在【数据】下拉列表中选择数据条件，如【介于】；❸ 分别在【开始日期】和【结束日期】文本框中输入参数值；❹ 单击【确定】按钮，如下图所示。

第 2 步： ❶ 返回工作表，保持当前单元格区域的选中状态，在【数据工具】组中单击【数据验证】下拉按钮 ❷ 在弹出的下拉列表中选择【圈释无效数据】选项，如下图所示。

第 3 步： 操作完成后即可将无效数据标示出来，如下图所示。

9. 设置输入数据前的提示信息

使用说明

　　编辑工作表数据时，可以为单元格设置输入提示信息，以便提醒用户应该在单元格中输入的内容。

解决方法

　　如果要设置输入数据前的提示信息，具体操作方法如下。

第 1 步： 打开素材文件（位置：素材文件 \ 第 3 章 \ 身份证号码采集表 .xlsx），❶ 选中要设置文本长度的单元格区域 B3:B15，打开【数据验证】对话框，在【输入信息】选项卡中勾选【选定单元格时显示输入信息】复选框；❷ 在【标题】和【输入信息】文本框中输入提示内容；❸ 单击【确定】按钮。如下图所示。

第 2 步： 返回工作表，在单元格区域 B3:B15 中选中任意单元格，都将会出现提示信息，如下图所示。

10. 设置数据输入错误后的警告信息

使用说明

　　在单元格中设置了数据有效性后，当输入错误的数据时，系统会自动弹出提示警告信息。除了系统默认的警告信息，我们还可以自定义警告信息。

解决方法

　　如果要设置错误警告信息，具体操作方法如下。

第 1 步： 打开素材文件（位置：素材文件 \ 第 3 章 \ 商品定价表 .xlsx），选中要设置数据有效性的单元格区域 B3:B8，打开【数据验证】对话框，在【设置】选项卡中设置允许输入的内容信息。如下图所示。

第2步： ❶ 在【出错警告】选项卡的【样式】下拉列表中选择警告样式，如【停止】；❷ 在【标题】文本框中输入提示标题；❸ 在【错误信息】文本框中输入提示信息；❹ 完成设置后单击【确定】按钮，如下图所示。

第3步： 返回工作表，在 B3:B8 单元格区域中输入不符合条件的数据时，会出现自定义样式的警告信息，如下图所示。

11. 设置在具有数据有效性的单元格中输入非法值

使用说明

在设置了数据有效性的单元格中，如果输入的数据不在有效性范围内，则会弹出出错警告信息，并拒绝输入。

如果需要输入的数据不在有效性范围内，但是又希望输入该数据，则可通过设置出错警告来解决这一问题。

解决方法

例如，在"商品定价表 1.xlsx"中，为单元格区域设置了只能输入 320~650 之间的数值，现在要设置允许输入 320~650 之外的非法数值，具体操作方法如下。

第1步： 打开素材文件（位置：素材文件\第3章\商品定价表 1.xlsx），❶ 选中单元格区域 B3:B8，打开【数据验证】对话框，在【出错警告】选项卡的【样式】下拉列表中选择【警告】或【信息】选项；❷ 单击【确定】按钮。如下图所示。

第2步： 通过上述设置后，在 B3:B8 单元格区域中输入 320~650 之外的数据时，如 250，会弹出出错警告信息，若依然坚持输入 250，则单击【是】按钮即可，如下图所示。

文件\第3章\员工信息登记表5.xlsx），❶ 选中 C3 单元格，按下【Ctrl+C】组合键进行复制操作；❷ 选中 B4:B8 单元格区域，在【剪贴板】组中单击【粘贴】下拉按钮；❸ 在弹出的下拉列表中选择【选择性粘贴】选项。如下图所示。

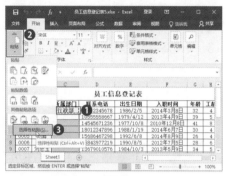

第2步： ❶ 弹出【选择性粘贴】对话框，在【粘贴】栏中选中【验证】单选按钮；❷ 单击【确定】按钮，如下图所示。

第3步： 返回工作表，可以发现在 B4:B8 单元格区域中选中任意单元格，其右侧会出现一个下拉箭头，单击该箭头，将弹出一个下拉列表，如下图所示。

温馨提示

在设置出错警告时，一定不能设置【停止】样式，【停止】样式禁止非法数据的输入，而【警告】样式允许选择是否输入非法数据，【信息】样式仅对输入非法数据进行提示。

12. 只复制单元格中的数据验证设置

使用说明

对单元格设置了数据验证条件，并在其中输入了相应的内容，若其他单元格需要使用相同的数据验证条件，但不需要该单元格中的内容，则可通过选择性粘贴方式快速实现。

解决方法

例如，在"员工信息登记表5.xlsx"中，在 C3 单元格中设置了数据有效性下拉列表，并输入了内容，且设置了字体格式、单元格填充颜色，现在仅需要将 C3 单元格中的验证条件复制到 B4:B8 单元格区域中，具体操作方法如下。

第1步： 打开素材文件（位置：素材

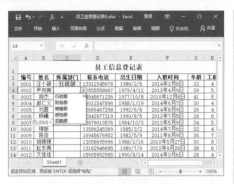

13. 快速清除数据验证

使用说明

　　编辑工作表时，在不同的单元格区域设置了不同的数据有效性，现在希望将所有的数据有效性清除，如果逐一清除，会非常烦琐，此时可按下面的方法一次性清除。

解决方法

　　例如，在"员工信息登记表 6.xlsx"中为不同区域设置了不同的数据验证条件，现在要一次性清除，具体操作方法如下。

第 1 步：打开素材文件（位置：素材文件\第 3 章\员工信息登记表 6.xlsx），❶ 在工作表中选中整个数据区域；❷ 单击【数据工具】组中的【数据验证】按钮。如下图所示。

第 2 步：弹出提示对话框，提示选择区域中含有多种类型的数据验证，询问是否清除当前设置并继续，单击【确定】按钮，如下图所示。

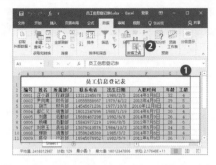

第 3 步：弹出【数据验证】对话框，此时默认在【设置】选项卡，【验证条件】为【任何值】，直接单击【确定】按钮，便可清除所选单元格区域中的数据验证，如下图所示。

第 4 章

公式的应用技巧

Excel 拥有非常强大的数据计算功能，通过公式和函数，你可以非常方便地计算各种复杂的数据。本章将介绍公式的应用技巧，使用这些技巧，可以让数据计算更加快捷。

下面，来看看以下一些日常办公中的常见问题，你是否会处理或已掌握。

- ✓ 在利用公式计算数据时，想要引用其他工作表中的数据，应该如何操作？
- ✓ 在制作预算表时设置了计算公式，但是又担心他人不小心更改了工作表中的公式，应该如何保护公式？
- ✓ 单元格区域选择起来比较麻烦，你知道如何为单元格自定义名称，并使用自定义名称进行公式计算吗？
- ✓ 如果希望对数组中最大的 5 位数进行求和，你知道如何操作吗？
- ✓ 公式发生错误时，想要知道是在哪一步出现问题时，你知道如何追踪引用单元格与从属单元格吗？
- ✓ 使用公式时发生错误，你知道怎样解决吗？

希望通过本章内容的学习，能帮助你解决以上问题，并学会 Excel 公式的应用技巧。

4.1 公式的引用

扫一扫，看视频

Excel 中的公式是对工作表的数据进行计算的等式，它总是以"="开始，其后是公式的表达式。使用公式时，也有许多操作技巧，接下来就对其进行介绍。

1. 复制公式

使用说明

当单元格中的计算公式类似时，可以通过复制公式的方式自动计算出其他单元格的结果。复制公式时，公式中引用的单元格会自动发生相应的改变。

复制公式时，可以通过复制→粘贴的方式进行复制，也可以通过填充功能快速复制。

解决方法

例如，利用填充功能复制公式，具体操作方法如下。

第 1 步： 打开素材文件（位置：素材文件 \ 第 4 章 \ 销售清单 .xlsx），在工作表中，选中要复制公式的所在单元格，将鼠标指针指向该单元格的右下角，待指针呈 ✚ 状时按下鼠标左键不放并向下拖动，如下图所示。

第 2 步： 拖动到目标单元格后释放鼠标，即可得到复制公式后的结果，如下图所示。

2. 单元格的相对引用

使用说明

在使用公式计算数据时，通常会用到单元格的引用。引用的作用在于标识工作表上的单元格或单元格区域，并指明公式中所用的数据在工作表中的位置。通过引用，可在一个公式中使用工作表不同单元格中的数据，或者在多个公式中使用同一个单元格中的数据。

默认情况下，Excel 使用的是相对

引用。在相对引用中，当复制公式时，公式中的引用会根据显示计算结果的单元格位置的不同而改变，但引用的单元格与包含公式的单元格之间的相对位置不变。

解决方法

例如，要在"销售清单 1.xlsx"的工作表中使用单元格相对引用计算数据，具体操作方法如下。

打开素材文件（位置：素材文件\第 4 章\销售清单 1.xlsx），E3 单元格中的公式为"=C3*D3"，将该公式从 E3 单元格复制到 E4 单元格时，E4 单元格的公式即为"=C4*D4"，如下图所示。

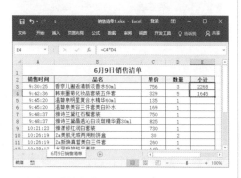

3. 单元格的绝对引用

使用说明

绝对引用是指将公式复制到目标单元格时，公式中的单元格地址始终保持固定不变。使用绝对引用时，需要在引用的单元格地址的列标和行号前分别添加符号"$"（英文状态下输入）。

解决方法

例如，要在"销售清单 1.xlsx"的工作表中使用单元格绝对引用计算数据，具体操作方法如下。

打开素材文件（位置：素材文件\第 4 章\销售清单 1.xlsx），在 E3 单元格中输入公式"=$C$3*$D$3"，将该公式从 E3 单元格复制到 E4 单元格时，E4 单元格中的公式仍为"=$C$3*$D$3"（即公式的引用区域没有发生任何变化），且计算结果和 E3 单元格中一样，如下图所示。

4. 单元格的混合引用

使用说明

混合引用是指引用的单元格地址既有相对引用也有绝对引用。混合引用具有绝对列和相对行，或者绝对行和相对列。绝对引用列采用 $A1 这样的形式，绝对引用行采用 A$1 这样的形式。如果公式所在单元格的位置改变，则相对引用会发生变化，而绝对引用不变。

解决方法

例如，要在"销售清单 1.xlsx"的工作表中使用单元格混合引用计算数据，具体操作方法如下。

打开素材文件（位置：素材文件\第 4 章\销售清单 1.xlsx），在 E3 单元格中输入公式"=$C3*D$3"，将该公式从 E3 单元格复制到 E4 单元格时，E4 单元格中的公式会变成"=$C4*D$3"，如下图所示。

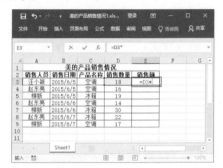

1.xlsx），选中要存放计算结果的单元格，输入"="，单击选择要参与计算的单元格，并输入运算符，如下图所示。

第 2 步： 切换到"美的产品销售情况.xlsx"，在目标工作表"定价单"中，单击选择需要引用的单元格，如下图所示。

5. 引用同一工作簿中其他工作表的单元格

使用说明

在同一工作簿中，还可以引用其他工作表中的单元格进行计算。

解决方法

例如，在"美的产品销售情况.xlsx"的"销售"工作表中，要引用"定价单"工作表中的单元格进行计算，具体操作方法如下。

第 1 步： 打开素材文件（位置：素材文件\第 4 章\美的产品销售情况

第 3 步： 直接按【Enter】键，得到计算结果，并返回原工作表，如下图所示。

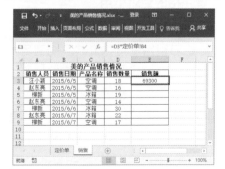

第 4 步：将在"定价单"工作表引用的单元格地址转换为绝对引用，并复制到相应的单元格中，如下图所示。

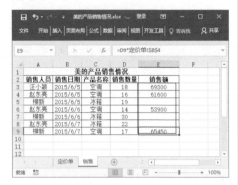

6. 引用其他工作簿中的单元格

使用说明

在引用单元格进行计算时，有时还会需要引用其他工作簿中的数据。

解决方法

例如，在"美的产品销售情况1.xlsx"的工作表中计算数据时，需要引用"美的产品销售情况.xlsx"工作簿中的数据，具体操作方法如下。

第 1 步：打开素材文件（位置：素材文件\第4章\美的产品销售情况1.xlsx和美的产品销售情况.xlsx），在"美的产品销售情况1.xlsx"中，选中要存放计算结果的单元格，输入"="，单击选择要参与计算的单元格，并输入运算符，如下图所示。

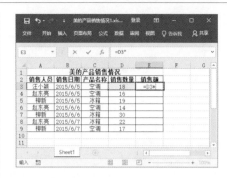

第 2 步：切换到"美的产品销售情况.xlsx"，在目标工作表中，单击选择需要引用的单元格，如下图所示。

第 3 步：直接按下【Enter】键，得到计算结果，并返回原工作簿，如下图所示。

第 4 步：参照上述操作方法，对其他单元格进行相应的计算即可，如下图所示。

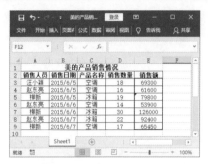

7. 保护公式不被修改

使用说明

将工作表中的数据计算好后，为了防止其他用户对公式进行更改，可以设置密码保护。

解决方法

如果要在工作表中对公式设置密码保护，具体操作方法如下。

第 1 步： 打开素材文件（位置：素材文件 \ 第 4 章 \ 销售清单 2.xlsx），选中包含公式的单元格区域，打开【设置单元格格式】对话框。

第 2 步： ❶ 切换到【保护】选项卡，勾选【锁定】复选框；❷ 单击【确定】按钮，如下图所示。

第 3 步： 返回工作表，打开【保护工作表】对话框。❶ 在【取消工作表保护时使用的密码】文本框中输入密码；❷ 单击【确定】按钮，如下图所示。

第 4 步： 弹出【确认密码】对话框，再次输入保护密码，单击【确定】按钮即可，如下图所示。

8. 将公式隐藏起来

使用说明

为了不让其他用户看到正在使用的公式，可以将其隐藏起来。公式被隐藏后，当选中单元格时，仅在单元格中显示计算结果，而编辑栏中不会显示任何内容。

解决方法

如果要在工作表中隐藏公式，具体操作方法如下。

第 1 步： 打开素材文件（位置：素材

文件 \ 第 4 章 \ 销售清单 2.xlsx），选中包含公式的单元格区域，打开【设置单元格格式】对话框。

第 2 步： ❶ 切换到【保护】选项卡，勾选【锁定】和【隐藏】复选框；❷ 单击【确定】按钮，如下图所示。

第 3 步： 返回工作表，然后参照前面的相关操作方法，打开【保护工作表】对话框设置密码保护即可。

9. 使用"&"合并单元格内容

使用说明

　　在编辑单元格内容时，如果希望将一个或多个单元格的内容合并起来，可以通过运算符"&"实现。

解决方法

　　如果要合并单元格中的内容，具体操作方法如下。

第 1 步： 打开素材文件（位置：素材文件 \ 第 4 章 \ 员工基本信息 .xlsx），选中要存放结果的单元格，输入公式"=B3&C3&D3"，按下【Enter】键，

确认得出计算结果，如下图所示。

第 2 步： 将公式复制到其他单元格，得出计算结果，如下图所示。

10. 为何下拉复制公式后计算结果都一样

使用说明

　　默认情况下，通过填充功能向下复制公式时，会根据引用的单元格进行自动计算。但是，有时利用填充功能向下复制公式后，所有的计算结果都一样，如下图所示。

　　从图中可以看出，如 E4 单元格中的计算公式是对的，但是结果是错的。出现这样的情况，是因为用户不小心

将计算方式设置成了【手动重算】。设置为【手动重算】后，复制公式时，显示的计算结果将会与复制的单元格一样，这时就需要按下【F9】键进行手动计算，以便得到正确结果。

在实际应用中，【手动重算】方式非常不方便，建议用户按照下面的操作方法将计算方式设置为【自动重算】。

解决方法

将计算方式设置为【自动重算】的具体操作方法如下。

❶ 打开【Excel 选项】对话框，切换到【公式】选项卡；❷ 在【计算选项】栏中选中【自动重算】单选按钮；❸ 单击【确定】按钮即可，如下图所示。

4.2 在公式中如何引用名称

扫一扫，看视频

在 Excel 中，可以通过定义名称来代替单元格地址，并将其应用到公式计算中，以便提高工作效率，减少计算错误。

1. 为单元格定义名称

使用说明

在 Excel 中，一个独立的单元格，或多个不连续的单元格组成的单元格组合，或连续的单元格区域，都可以定义一个名称。定义名称后，每一个名称都具有唯一的标识，方便在其他名称或公式中调用。

解决方法

如果要为单元格定义名称，具体操作方法如下。

第 1 步： 打开素材文件（位置：素材文件 \ 第 4 章 \ 工资表 .xlsx），❶ 选择要定义名称的单元格区域；❷ 单击【公式】选项卡下【定义的名称】组中的【定义名称】按钮，如下图所示。

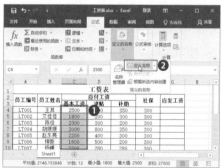

第 2 步： ❶ 打开【新建名称】对话框，在【名称】文本框内输入定义的名称；❷ 单击【确定】按钮，如下图所示。

第3步： 操作完成后，即可为选择的单元格区域定义名称，当再次选择单元格区域时，会在名称框中显示定义的名称，如下图所示。

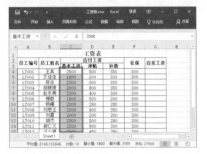

📖 **知识拓展**

　　选择要定义的单元格或单元格区域，在名称框中直接输入定义的名称后按【Enter】键也可以定义名称。

2. 将自定义名称应用于公式

📋 **使用说明**

　　为单元格区域定义了名称之后，就可以将自定义名称应用于公式，以提高工作效率。

📑 **解决方法**

　　如果要将自定义名称应用于公式，具体操作方法如下。

第1步： 打开素材文件（位置：素材文件 \ 第 4 章 \ 工资表 .xlsx），❶ 选

中要定义名称的单元格区域 C4∶F4；❷ 单击【公式】选项卡下【定义的名称】组中的【定义名称】按钮，如下图所示。

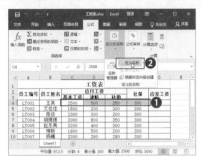

第2步： ❶ 打开【新建名称】对话框，在【名称】文本框中输入名称；❷ 在【引用位置】参数框中输入公式 "=sum(Sheet1!\$C\$4:\$F\$4)"；❸ 单击【确定】按钮，如下图所示。

第3步： ❶ 选择 G4 单元格；❷ 单击【定义的名称】组中的【用于公式】下拉按钮；❸ 在打开的下拉菜单中选择【应发工资】选项，如下图所示。

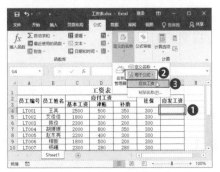

第4步： 在G4单元格中显示计算区域，如下图所示。

第5步： 按【Enter】键进行确认后即可显示计算结果，如下图所示。

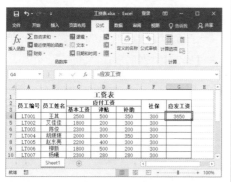

3. 使用单元格名称对数据进行计算

使用说明

在工作表中定义好名称后，可以使用单元格名称对数据进行计算，以便提高工作效率。

解决方法

如果要在工作表中使用单元格名称计算数据，具体操作方法如下。

第1步： 打开素材文件（位置：素材文件\第4章\工资表.xlsx），对

相关单元格区域定义名称。本例将C4:C16单元格区域命名为"基本工资"，D4:D16单元格区域命名为"津贴"，E4:E16单元格区域命名为"补助"，F4:F16单元格区域命名为"社保"。

第2步： 选中要存放结算结果的单元格，直接输入公式"= 基本工资 + 津贴 + 补助 - 社保"，如下图所示。

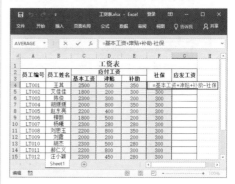

第3步： 按下【Enter】键得出计算结果，通过填充方式向下拖动鼠标复制公式，自动计算出其他结果，如下图所示。

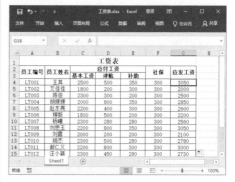

4. 使用【名称管理器】管理名称

使用说明

在工作表中为单元格定义名称后，还可以通过【名称管理器】对名称进

行修改、删除等操作。

📖 **解决方法**

如果要使用【名称管理器】管理名称，具体操作方法如下。

第 1 步：打开素材文件（位置：素材文件\第4章\工资表1.xlsx），单击【公式】选项卡下【定义的名称】组中的【名称管理器】按钮，如下图所示。

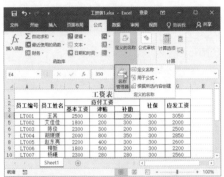

第 2 步：❶ 弹出【名称管理器】对话框，在列表框中选择要修改的名称；❷ 单击【编辑】按钮，如下图所示。

第 3 步：❶ 弹出【编辑名称】对话框，通过【名称】文本框可进行重命名操作，在【引用位置】参数框中可重新选择单元格区域；❷ 设置完成后单击【确

定】按钮，如下图所示。

第 4 步：❶ 返回【名称管理器】对话框，在列表框中选择要修改的名称；❷ 单击【删除】按钮，如下图所示。

第 5 步：在弹出的提示对话框中单击【确定】按钮，如下图所示。

第 6 步：返回【名称管理器】对话框，单击【关闭】按钮即可，如下图所示。

4.3 使用数组公式计算数据

扫一扫，看视频

Excel 中可以使用数组公式对两组或两组以上的数据（两个或两个以上的单元格区域）同时进行计算。在数组公式中使用的数据被称为数组参数，数组参数可以是一个数据区域，也可以是数组常量（经过特殊组织的常量表）。数组公式可以用来在小空间内进行大量计算，它可以替代许多重复的公式，并由此节省内存。

1. 在多个单元格中使用数组公式进行计算

使用说明

数组公式是指对两组或多组参数进行多重计算，并返回一个或多个结果的一种计算公式。使用数组公式时，要求每个数组参数必须有相同数量的行和列。

解决方法

如果要在多个单元格中使用数组公式进行计算，具体操作方法如下。

第1步：打开素材文件（位置：素材文件\第4章\工资表.xlsx），❶ 选择存放结果的单元格区域，输入"="；❷ 拖动鼠标选择要参与计算的第一个单元格区域，如下图所示。

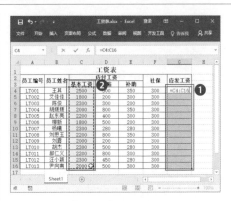

第2步：参照上述操作方法，继续输入运算符号，并拖动选择要参与计算的单元格区域，如下图所示。

第3步：按下【Ctrl+Shift+Enter】组合键，得出数组公式计算结果，如下图所示。

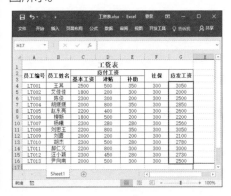

2. 在单个单元格中使用数组公式进行计算

使用说明

在编辑工作表时，还可以在单个单元格中输入数组公式，以便完成多步计算。

解决方法

如果要在单个单元格中使用数组公式进行计算，具体操作方法如下。

第 1 步： 打开素材文件（位置：素材文件 \ 第 4 章 \ 销售订单 .xlsx），选择存放结果的单元格，输入"=SUM()"，再将光标插入点定位在括号内，如下图所示。

第 2 步： 拖动鼠标选择要参与计算的第一个单元格区域，输入运算符号"*"号，再拖动鼠标选择第二个要参与计算的单元格区域，如下图所示。

> **温馨提示**
>
> 在单个单元格中使用数组公式计算数据时，不能是合并后的单元格，否则会弹出提示框提示数组公式无效。

第 3 步： 按下【Ctrl+Shift+Enter】组合键，得出数组公式计算结果，如下图所示。

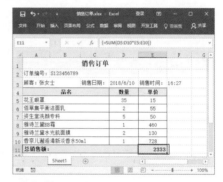

3. 扩展数组公式

使用说明

在公式中用数组作为计算参数时，所有的数组必须是同维的（即有相同数量的行和列）。若数组参数的维数不匹配，Excel 会自动扩展该参数。

解决方法

如果要扩展数组公式，具体操作方法如下。

第 1 步： 打开素材文件（位置：素材文件 \ 第 4 章 \ 九阳料理机销售统

计.xlsx），选择存放结果的单元格区域，参照前面的操作方法，设置计算参数，如下图所示。

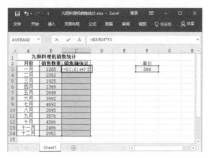

第2步： 按下【Ctrl+Shift+Enter】组合键，得出数组公式计算结果，如下图所示。

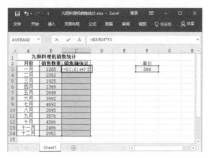

4. 对数组中N个最大值进行求和

使用说明

当有多列数据时，在不排序的情况下，需要将这些数据中最大或最小的N个数据进行求和，就要使用数组公式实现。

解决方法

例如，要在多列数据中，对最大的5个数据进行求和运算，具体操作方法如下。

打开素材文件（位置：素材文件\

第4章\销量情况.xlsx），选中要显示计算结果的单元格C12，输入公式"=SUM(LARGE(B2:C11,ROW(INDIRECT("1:5"))))"，然后按下【Ctrl+Shift+Enter】组合键，即可得出最大的5个数据的求和结果，如下图所示。

温馨提示

在本操作的公式中，其函数意义介绍如下。INDIRECT：取1～5行。ROW：得到数组（1，2，3，4，5）。LARGE：求最大的5个数据并组成数组。SUM：将LARGE求得的数组进行求和。为了便于用户理解，还可将公式简化成"=SUM(LARGE(B2:C11,{1,2,3,4,5}))"。若要对最小的5个数据进行求和运算，可输入公式"=SUM(SMALL(B2:C11,ROW(INDIRECT("1:5"))))"或"=SUM(SMALL(B2:C11,{1,2,3,4,5}))"。

4.4 公式审核与错误处理

扫一扫，看视频

如果工作表中的公式使用错误，不仅不能计算出正确的结果，还会自动显示出一个错误值，如

####、#NAME？等。因此，还需要掌握一定的公式审核方法与技巧。

1. 追踪引用单元格与追踪从属单元格

使用说明

追踪引用单元格是指查看当前公式引用了哪些单元格进行计算，追踪从属单元格与追踪引用单元格相反，用于查看哪些公式引用了该单元格。

解决方法

如果要在工作表中进行追踪引用单元格与追踪从属单元格，具体操作方法如下。

第 1 步： 打开素材文件（位置：素材文件 \ 第 4 章 \ 销售清单 2.xlsx），❶选中要追踪引用单元格的单元格；❷单击【公式】选项卡下【公式审核】组中的【追踪引用单元格】按钮，如下图所示。

第 2 步： 即可使用箭头显示数据源引用指向，如下图所示。

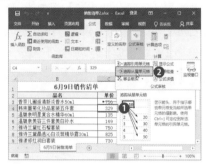

第 3 步： ❶选中追踪从属单元格的单元格；❷单击【追踪从属单元格】按钮，如下图所示。

第 4 步： 即可使用箭头显示，受当前所选单元格影响的，单元格数据的从属指向，如下图所示。

2. 对公式中的错误进行追踪操作

使用说明

当单元格中出现错误值时，可对

公式引用的区域以箭头的方式显示，从而快速追踪检查引用来源是否包含错误值。

解决方法

如果要在工作表中追踪错误，具体操作方法如下。

第1步： 打开素材文件（位置：素材文件 \ 第 4 章 \ 工资表 2.xlsx），❶ 选择包含错误值的单元格；❷ 单击【公式】选项卡下【公式审核】组中的【错误检查】下拉按钮；❸ 在打开的列表中选择【追踪错误】选项，如下图所示。

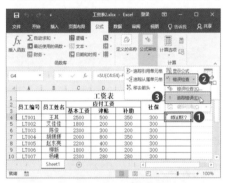

第2步： 即可对包含错误值的单元格添加追踪效果，如下图所示。

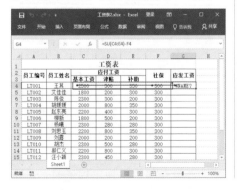

3. 使用公式求值功能查看公式分步计算结果

使用说明

在工作表中使用公式计算数据后，除了可以在单元格中查看最终的计算结果外，还能使用公式求值功能查看分步计算结果。

解决方法

如果要在工作表中查看分步计算结果，具体操作方法如下。

第1步： 打开素材文件（位置：素材文件 \ 第 4 章 \ 工资表 3.xlsx），❶ 选中计算出结果的单元格；❷ 单击【公式】选项卡下【公式审核】组中的【公式求值】按钮，如下图所示。

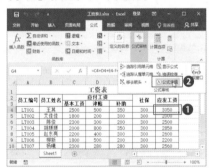

第2步： 弹出【公式求值】对话框，单击【求值】按钮，如下图所示。

第 3 步： 显示第一步的值，单击【求值】按钮，如下图所示。

第 4 步： 即可显示第一次公式计算出的值，并显示第二次要计算的公式，如下图所示。

第 5 步： 继续单击【求值】按钮，直到完成公式的计算，并显示最终结果后，单击【关闭】按钮关闭对话框即可。

4. 使用错误检查功能检查公式

🗒 使用说明

当公式计算结果出现错误时，可以使用错误检查功能逐一对错误值进行检查。

📋 解决方法

如果要对公式中的错误进行检查，具体操作方法如下。

第 1 步： 打开素材文件（位置：素材文件 \ 第 4 章 \ 工资表 1.xlsx），❶ 在数据区域中选择起始单元格；❷ 单击【公式】选项卡【公式审核】组中的【错误检查】按钮，如下图所示。

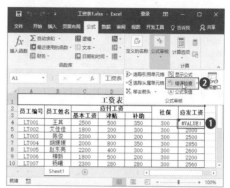

第 2 步： 系统开始从起始单元格进行检查，当检查到有错误公式时，会弹出【错误检查】对话框，并指出出错的单元格及错误原因。若要修改，单击【在编辑栏中编辑】按钮，如下图所示。

第 3 步： ❶ 在工作表的编辑栏中输入正确的公式；❷ 在【错误检查】对话框中单击【继续】按钮，继续检查工作表中的其他错误公式，如下图所示。

第 4 步：当完成公式的检查后，会弹出提示框提示已完成检查，单击【确定】按钮即可，如下图所示。

5. 使用【监视窗口】监视公式及其结果

使用说明

　　在 Excel 中，可以通过【监视窗口】实时查看工作表中的公式及其计算结果。在监视时，无论工作簿显示的是哪个区域，该【监视窗口】都始终可见。

解决方法

　　如果要使用【监视窗口】监视公式及其结果，具体操作方法如下。

第 1 步：打开素材文件（位置：素材文件 \ 第 4 章 \ 工资表 3.xlsx），单击【公式】选项卡下【公式审核】组中的【监视窗口】按钮，如下图所示。

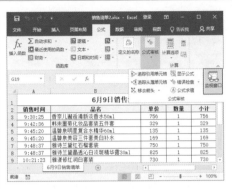

第 2 步：在打开的【监视窗口】对话框中单击【添加监视】按钮，如下图所示。

第 3 步：❶ 弹出【添加监视点】对话框，将光标插入点定位到【选择您想监视其值的单元格】参数框内，在工作表中通过拖动鼠标选择需要监视的单元格区域；❷ 单击【添加】按钮，如下图所示。

第 4 步：经过上述操作后，在【监视窗口】的列表框中，将显示选择的单元格区域的内容及其所使用的公式。

在列表框中双击某条单元格条目，即可在工作表中选择对应的单元格，如下图所示。

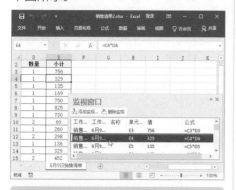

6. 设置公式错误检查选项

使用说明

默认情况下，对工作表中的数据进行计算时，若公式中出现了错误，Excel 会在单元格中出现一些提示符号，表明错误的出现类型。另外，当在单元格中输入违反规则的内容时，如输入身份证号码，则单元格的左上角会出现一个绿色小三角。上述情况均是 Excel 的后台错误检查在起作用。根据操作需要，用户可以对公式的错误检查选项进行设置，以符合自己的使用习惯。

解决方法

如果要设置公式错误检查选项，

具体操作方法如下。

❶ 打开【Excel 选项】对话框，切换到【公式】选项卡；❷ 在【错误检查规则】栏中设置需要的规则；❸ 设置完成后单击【确定】按钮即可，如下图所示。

7. #### 错误的处理办法

使用说明

如果工作表的列宽比较窄，使单元格无法完全显示数据，或者使用了负日期或时间时，便会出现 #### 错误。

解决方法

解决 #### 错误的方法如下。

（1）当列宽不足以显示内容时，直接调整列宽即可。

（2）当日期和时间为负数时，可通过以下的方法进行解决。

· 如果用户使用的是 1900 日期系统，那么 Excel 中的日期和时间必须为正值。

· 如果需要对日期和时间进行减法运算，应确保建立的公式是正确的。

· 如果公式正确，但结果仍然是负值，

可以通过将该单元格的格式设置为非日期或时间格式来显示该值。

8.#NULL! 错误的处理办法

使用说明

当函数表达式中使用了不正确的区域运算符或指定了两个并不相交的区域的交点时，便会出现 #NULL! 错误。

解决方法

解决 #NULL！错误的方法如下。

- 使用了不正确的区域运算符：若要引用连续的单元格区域，应使用冒号分隔引用区域中的第一个单元格和最后一个单元格；若要引用不相交的两个区域，应使用联合运算符，即逗号。
- 区域不相交：更改引用以使其相交。

9.#NAME? 错误的处理办法

使用说明

当 Excel 无法识别公式中的文本时，便会出现 #NAME? 错误。

解决方法

解决 #NAME？错误的方法如下。

- 区域引用中漏掉了冒号：为所有区域引用使用冒号。
- 在公式中输入文本时没有使用双引号：公式中输入的文本必须用双引号引起来，否则 Excel 会把输入的文本内容看作名称。

- 函数名称拼写错误：更正函数拼写，若不知道正确的拼写，可打开【插入函数】对话框，插入正确的函数即可。
- 使用了不存在的名称：打开【名称管理器】对话框，查看是否有当前使用的名称，若没有，定义一个新名称即可。

10.#NUM! 错误的处理办法

使用说明

当公式或函数中使用了无效的数值时，便会出现 #NUM! 错误。

解决方法

解决 #NUM！错误的方法如下。

- 在需要数字参数的函数中使用了无法接受的参数：确保函数中使用的参数是数字，而不是文本、时间或货币等其他格式。
- 输入的公式所得出的数字太大或太小，无法在 Excel 中表示：更改单元格中的公式，使运算的结果介于 -1*10307~1*10307 之间。
- 使用了进行迭代的工作表函数，但函数无法得到结果：为工作表函数使用不同的起始值，或者更改 Excel 迭代公式的次数。

> 💡 **温馨提示**
>
> 更改 Excel 迭代公式次数的方法是：打开【Excel 选项】对话框，切换到【公

式】选项卡，在【计算选项】栏中勾选【启用迭代计算】复选框，在下方设置最多迭代次数和最大误差，然后单击【确定】按钮。

11.#VALUE! 错误的处理办法

使用说明

使用的参数或操作数的类型不正确时，便会出现 #VALUE! 错误。

解决方法

解决 #VALUE！错误的方法如下。

- 输入或编辑的是数组公式，却按【Enter】键确认：完成数组公式的输入后，按【Ctrl+Shift+Enter】组合键确认。
- 当公式需要数字或逻辑值时，却无法输入文本：确保公式或函数所需的操作数或参数正确无误，且公式引用的单元格中包含有效的值。

12.#DIV/0! 错误的处理办法

使用说明

当数字除以 0 时，便会出现 #DIV/0! 错误。

解决方法

解决 #DIV/0! 错误的方法如下。

- 将除数更改为非 0 值。
- 作为被除数的单元格不能为空白单元格。

13.#REF! 错误的处理办法

使用说明

当单元格引用无效时，如函数引用的单元格（区域）被删除、链接的数据不可用等，便会出现 #REF! 错误。

解决方法

解决 #REF！错误的方法如下。

- 更改公式，或者在删除或粘贴单元格后立即单击【撤消】按钮以恢复工作表中的单元格。
- 启动使用的对象链接和嵌入（OLE）链接所指向的程序。
- 确保使用正确的动态数据交换（DDE）主题。
- 检查函数以确定参数是否引用了无效的单元格或单元格区域。

14.#N/A 错误的处理办法

使用说明

当数值对函数或公式不可用时，便会出现 #N/A 错误。

解决方法

解决 #N/A 错误的方法如下。

- 确保函数或公式中的数值可用。
- 为工作表函数的 lookup_value 参数赋予了不正确的值：当为 MATCH、HLOOKUP、LOOKUP 或 VLOOKUP 函数的 lookup_value 参数赋予了不正确的值时，将出现 #N/A 错误，此时的解决方式是确保

lookup_value 参数值的类型正确即可。

- 使用函数时省略了必需的参数：当使用内置或自定义工作表函数时，若省略了一个或多个必需的函数，便会出现 #N/A 错误，此时将函数中的所有参数输入完整即可。

15. 通过 Excel 帮助功能获取错误解决办法

📇 使用说明

如果在使用公式和函数计算数据的过程中出现了错误，在计算机联网的情况下，可以通过 Excel 帮助功能获取错误值的相关信息，以帮助用户解决问题。

📇 解决方法

如果要通过 Excel 帮助功能获取错误解决办法，具体操作方法如下。

第 1 步： 打开素材文件（位置：素材文件 \ 第 4 章 \ 工资表 3.xlsx），❶ 选中显示了错误值的单元格，单击错误

值提示按钮 ；❷ 在弹出的下拉菜单中选择【关于此错误的帮助】命令，如下图所示。

第 2 步： 系统将自动打开【帮助】窗口，其中显示了该错误值的出现原因和解决方法，如下图所示。

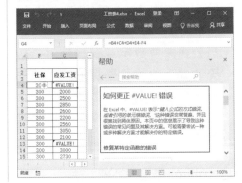

第 5 章

函数的基本应用技巧

在 Excel 中，函数是系统预先定义好的公式。利用函数，你可以轻松地完成各种复杂数据的计算，并简化公式的使用。本章将针对函数的应用，为你讲解一些应用技巧。

下面，来看看以下一些使用函数时的常见问题，你是否会处理或已掌握。

✓ 想要用的函数只记得开头的几个字母，你知道如何使用提示功能快速输入函数吗？

✓ 要使用函数来计算数据，可是又不知道使用哪个函数时，你知道如何查询函数吗？

✓ 调用函数的方法很多，你知道怎样根据实际情况调用函数吗？

✓ 预算报表需要计算预算总和，你知道怎样使用 SUM 函数进行求和吗？

✓ 每季度的销量表需要计算平均值，你知道怎样使用 AVERAGE 函数计算平均值吗？

✓ 公司需要对销量靠前的员工进行奖励，你知道怎样使用 RANK 函数计算排名吗？

希望通过本章内容的学习，能帮助你解决以上问题，并学会更多函数调用和基本函数的应用技巧。

5.1 函数的调用

扫一扫，看视频

一个完整的函数式主要由标识符、函数名称和函数参数组成，其中，标识符就是"="，在输入函数表达式时，必须先输入"="；函数的参数主要包括常量参数、逻辑值参数、单元格引用参数、函数式和数组参数这几种参数类型。

使用函数进行计算前，需要先了解其基本的操作，如输入函数的方法、自定义函数等，下面就对其进行相关讲解。

1. 在单元格中直接输入函数

使用说明

如果知道函数名称及函数的参数，可以直接在编辑栏中输入表达式，这是最常见的输入方式之一。

解决方法

如果要在工作表中直接输入函数表达式，具体操作方法如下。

第 1 步：打开素材文件（位置：素材文件 \ 第 5 章 \ 销售清单 .xlsx），选中要存放结果的单元格，本例选择 E3，在编辑栏中输入函数表达式"=PRODUCT(C3:D3)"（意为对 C3:D3 单元格区域中的数值进行乘积运算），如下图所示。

第 2 步：完成输入后，单击编辑栏中的【输入】按钮，或者按下【Enter】键进行确认，E3 单元格中即可显示计算结果，如下图所示。

第 3 步：利用填充功能向下复制函数，即可计算出其他产品的销售金额，如下图所示。

2. 通过提示功能快速输入函数

使用说明

如果用户对函数并不是非常熟悉，在输入函数表达式的过程中，可以利用函数的提示功能进行输入，以保证输入正确的函数。

解决方法

如果要在工作表中利用提示功能输入函数，具体操作方法如下。

第 1 步： 打开素材文件（位置：素材文件 \ 第 5 章 \6 月工资表 .xlsx），选中要存放结果的单元格，输入 "="，然后输入函数的首字母，如 S，此时系统会自动弹出一个下拉列表，该列表中将显示所有以 S 开头的函数，此时可在列表中找到需要的函数，选中该函数时，会出现一个浮动框，并说明该函数的含义，如下图所示。

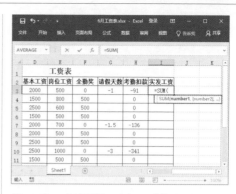

第 3 步： 根据提示输入计算参数，如下图所示。

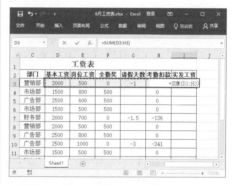

第 4 步： 完成输入后，按下【Enter】键，即可得到计算结果，如下图所示。

第 2 步： 双击选中的函数，即可将其输入到单元格中，输入函数后我们可以看到函数语法提示，如下图所示。

第 5 步： 利用填充功能向下复制函数，即可计算出其他员工的实发工资，如下图所示。

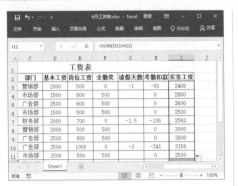

3. 通过【函数库】输入函数

使用说明

在 Excel 窗口的功能区中有一个【函数库】，库中提供了多种函数，用户可以非常方便地使用。

解决方法

例如，要插入其他函数中的统计类函数，具体操作方法如下。

第 1 步： 打开素材文件（位置：素材文件\第 5 章\8 月 5 日销售清算.xlsx），❶ 选中要存放结果的单元格，如B15；❷ 在【公式】选项卡的【函数库】组中单击需要的函数类型，本例中单击【其他函数】下拉按钮 ▦▾；❸ 在弹出的下拉列表中选择【统计】选项；❹ 在弹出的扩展菜单中单击需要的函数，本例中单击【COUNTA】，如下图所示。

第 2 步： ❶ 弹出【函数参数】对话框，在【Value 1】参数框中设置要进行计算的参数；❷ 单击【确定】按钮，如下图所示。

第 3 步： 返回工作表，即可查看到计算结果，如下图所示。

4. 使用【自动求和】按钮输入函数

📑 使用说明

　　使用函数计算数据时，求和函数、求平均值函数等函数用得非常频繁，因此 Excel 提供了【自动求和】按钮，通过单击该按钮，可以快速使用函数进行计算。

📝 解决方法

　　例如，要通过单击【求和函数】按钮插入平均值函数，具体方法如下。

第 1 步： 打开素材文件（位置：素材文件 \ 第 5 章 \ 食品销售表 .xlsx），❶ 选中要存放结果的单元格，如 E4；❷ 在【公式】选项卡的【函数库】组中单击【自动求和】下拉按钮；❸ 在弹出的下拉列表中选择【平均值】命令，如下图所示。

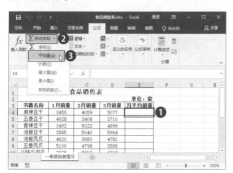

第 2 步： 拖动鼠标选择计算区域，如下图所示。

第 3 步： 按下【Enter】键，即可得出计算结果，如下图所示。

第 4 步： 通过填充功能向下复制函数，计算出其他食品的月平均销量，如下图所示。

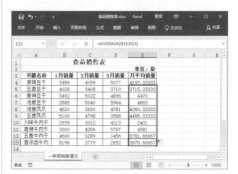

5. 通过【插入函数】对话框调用函数

使用说明

Excel 提供了大约 400 个函数，如果不能确定函数的正确拼写或计算参数，建议用户使用【插入函数】对话框插入函数。

解决方法

例如，要通过【插入函数】对话框插入 SUM 函数，具体操作方法如下。

第 1 步： 打开素材文件（位置：素材文件 \ 第 5 章 \ 营业额统计周报表 .xlsx），❶ 选中要存放结果的单元格；❷ 单击编辑栏中的【插入函数】按钮 *fx*，如下图所示。

第 2 步： ❶ 弹出【插入函数】对话框，在【或选择类别】下拉列表中选择函数类别；❷ 在【选择函数】列表框中选择需要的函数，如 SUM 函数；❸ 单击【确定】按钮，如下图所示。

第 3 步： ❶ 弹出【函数参数】对话框，在【Number1】参数框中设置要进行计算的参数；❷ 单击【确定】按钮，如下图所示。

第 4 步： 返回工作表，即可看到计算结果，如下图所示。

第 5 步： 通过填充功能向下复制函数，计算出其他时间的营业额总计，如下图所示。

	A	B	C	D	E	F
1	营业额统计周报表					
2					日期: 2018年8月3日～8月9日	
3	星期	五里店分店	南平分店	观音桥分店	沙坪坝分店	合计
4	星期一	4309	7007	5178	4504	20998.00
5	星期二	3583	9083	8066	9370	30102.00
6	星期三	4259	5859	4406	5326	19850.00
7	星期四	4608	7455	6741	6389	25193.00
8	星期五	9877	8292	9684	5097	32950.00
9	星期六	4813	8654	7154	4876	25497.00
10	星期日	8175	7438	9081	3912	28606.00
11						

知识拓展

选中要存放结果的单元格后，切换到【公式】选项卡下【函数库】组中的【插入函数】按钮，也可以打开【插入函数】对话框。

6. 不知道需要使用什么函数时应如何查询

使用说明

如果只知道某个函数的功能，不知道具体的函数名，则可以通过【插入函数】对话框快速查找函数。

解决方法

例如，要通过【插入函数】对话框快速查找随机函数，具体操作方法如下。

❶打开【插入函数】对话框，在【搜索函数】文本框中输入函数功能，如【随机】；❷单击【转到】按钮；❸将在【选择函数】列表框中显示 Excel 推荐的函数，此时在【选择函数】列表框中选择某个函数后，会在列表框下

方显示该函数的作用及语法等信息，如下图所示。

7. 使用嵌套函数计算数据

使用说明

在使用函数计算某些数据时，有时一个函数并不能达到想要的结果，此时就需要使用多个函数进行嵌套。嵌套函数就是将某个函数或函数的返回值作为另一个函数的计算参数来使用。在嵌套函数中，Excel 会先计算最深层的嵌套表达式，再逐步向外计算其他表达式。

解决方法

如果要使用嵌套函数计算数据，具体操作方法如下。

第 1 步： 打开素材文件（位置：素材文件 \ 第 5 章 \ 6 月工资表 1.xlsx），选中要存放结果的单元格，如 D14，输入函数 "=AVERAGE(IF(C3:C12=" 广告部 ",I3:I12))"。在该函数中，将先执行 IF 函数，再执行 AVERAGE 函数，用于计算广告部的平均收入，如下图所示。

第 2 步： 本例中输入的函数涉及数组，因此完成输入后需要按下【Ctrl+Shift+Enter】组合键，即可得出计算结果，如下图所示。

8. 自定义函数

使用说明

在 Excel 中，除了可以使用内置的函数计算表中的数据，还可以根据自己的实际需要能过自定义函数来进行计算。

解决方法

例如，要自定义直角三角形面积函数（S），假设 a、b 为三角形的两个直角边，具体操作方法如下。

第 1 步： 在工作簿中按下【Alt+F11】组合键，打开 VBA 编辑器。

第 2 步： ❶ 在标题栏单击【插入】按钮；❷ 在弹出的下拉菜单中选择【模块】命令，如下图所示。

第 3 步： ❶ 在打开的【模块】窗口中输入如下代码；❷ 单击【关闭】按钮 × 关闭 VBA 编辑器即可，操作如下图所示。代码为：

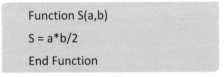

```
Function S(a,b)
S = a*b/2
End Function
```

5.2 常用函数的应用

在日常事务处理中，使用最频繁的函数主要有求和函数、求平均值函数、最大值函数及最小值函数等，下面就分别介绍这些函数的使用方法。

1. 使用 SUM 函数进行求和运算

使用说明

在 Excel 中，SUM 函数的使用非常频繁，该函数用于返回某一单元格区域中所有数字之和。SUM 函数的语法结构为 =SUM(number1,number2,…)，其中 number1,number2,… 表示参加计算的 1~255 个参数。

解决方法

例如，使用 SUM 函数计算销售总量，具体操作方法如下。

第 1 步： 打开素材文件（位置：素材文件 \ 第 5 章 \ 销售业绩 .xlsx），选中要存放结果的单元格，如 E3，输入函数"=SUM(B3:D3)"，按下【Enter】键，即可得出计算结果，如下图所示。

第 2 步： 通过填充功能向下复制函数，计算出所有人的销售总量，如下图所示。

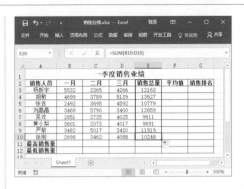

2. 使用 AVERAGE 函数计算平均值

使用说明

AVERAGE 函数用于返回参数的平均值，即对选择的单元格或单元格区域进行算术平均值运算。AVERAGE 函数的语法结构为 =AVERAGE(Number1,Number2,…)，其中 Number1,Number2,… 表示要计算平均值的 1~255 个参数。

解决方法

例如，使用 AVERAGE 函数计算三个月销量的平均值，具体操作方法如下。

第 1 步： 打开素材文件（位置：素材文件 \ 第 5 章 \ 销售业绩 1.xlsx），❶ 选中要存放结果的单元格，如 F3；❷ 单击【公式】选项卡下【函数库】组中的【自动求和】下拉按钮；❸ 在弹出的下拉菜单中选择【平均值】选项，如下图所示。

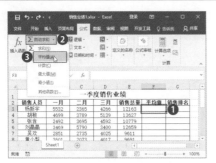

第 2 步：所选单元格将插入 AVERAGE 函数，选择需要计算的单元格区域 B3：D3，如下图所示。

第 3 步：按下【Enter】键计算出平均值，然后使用填充功能向下复制函数，即可计算出其他人员的三个月销量的平均值，如下图所示。

3. 使用 MAX 函数计算最大值

使用说明

MAX 函数用于计算一串数值中的

最大值，即对选择的单元格区域中的数据进行比较，找到最大的数值并返回到目标单元格。MAX 函数的语法结构为 =MAX(Number1,Number2,...)。其中 Number1,Number2,... 表示要参与比较找出最大值的 1~255 个参数。

解决方法

例如，使用 MAX 函数计算最高销售量，具体操作方法如下。

第 1 步：打开素材文件（位置：素材文件 \ 第 5 章 \ 销售业绩 2.xlsx），选中要存放结果的单元格，如 B11，输入函数"=MAX(B3:B10)"，按下【Enter】键，即可得出计算结果，如下图所示。

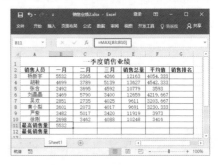

第 2 步：通过填充功能向右复制函数，即可计算出每个月的最高销售量，如下图所示。

4. 使用 MIN 函数计算最小值

使用说明

MIN 函数与 MAX 函数的作用相反，该函数用于计算一串数值中的最小值，即对选择的单元格区域中的数据进行比较，找到最小的数值并返回到目标单元格。MIN 函数的语法结构为 =MIN(Number1,Number2,...)。其中 Number1,Number2,... 表示要参与比较找出最小值的 1~255 个参数。

解决方法

例如，使用 MIN 函数计算最低销售量，具体操作方法如下。

第 1 步： 打开素材文件（位置：素材文件 \ 第 5 章 \ 销售业绩 3.xlsx），选中要存放结果的单元格，如 B12，输入函数"=MIN(B3:B10)"，按下【Enter】键，即可得出计算结果，如下图所示。

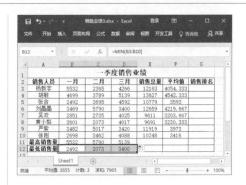

第 2 步： 通过填充功能向右复制函数，即可计算出每个月的最低销售量，如下图所示。

5. 使用 RANK 函数计算排名

使用说明

RANK 函数用于返回一个数值在一组数值中的排位，即让指定的数据在一组数据中进行比较，将比较的名次返回到目标单元格。RANK 函数的语法结构为 =RANK(number,ref,order)，其中 number 表示要在数据区域中进行比较的指定数据；ref 表示包含一组数字的数组或引用，其中非数值型参数将被忽略；order 表示一个数字，指定排名的方式。若 order 为 0 或省略，则按降序排列的数据清单进行排位；如果 order 不为 0，则按升序排列的数据清单进行排位。

解决方法

例如，使用 RANK 函数计算销售总量的排名，具体操作方法如下。

第 1 步： 打开素材文件（位置：素材文件 \ 第 5 章 \ 销售业绩 4.xlsx），选中要存放结果的单元格，如 G3，输入函数"=RANK(E3,$E$3:$E$10,0)"，按下【Enter】键，即可得出计算结果，如下图所示。

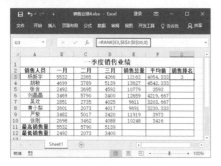

第 2 步： 通过填充功能向下复制函数，即可计算出每位员工销售总量的排名，如下图所示。

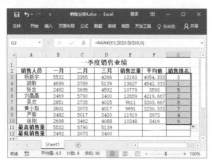

6. 使用 COUNT 函数计算参数中包含的个数

使用说明

COUNT 函数属于统计类函数，用于计算区域中包含数字的单元格的个数。COUNT 函数的语法结构为 =COUNT(Value1,Value2,...)。其中 Value1、Value2... 为要计数的 1~255 个参数。

解决方法

例如，使用 COUNT 函数统计员工人数，具体操作方法如下。

打开素材文件（位置：素材文件\第 5 章\员工信息登记表 .xlsx），选中要存放结果的单元格，如 B18，输入函数"=COUNT(A3:A17)"，按下【Enter】键，即可得出计算结果，如下图所示。

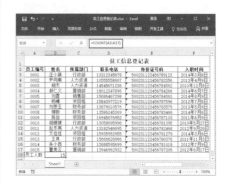

7. 使用 PRODUCT 函数计算乘积

使用说明

PRODUCT 函数用于计算所有参数的乘积。PRODUCT 函数的语法结构为 =PRODUCT (number1, number2,...)，其中 Number1,Number2,... 表示要参与乘积计算的 1~255 个参数。

解决方法

例如，使用 PRODUCT 函数计算销售金额小计，具体操作方法如下。

第 1 步： 打开素材文件（位置：素材文件\第 5 章\销售订单 1.xlsx），选中要存放结果的单元格，如 F5，输入函数"=PRODUCT(D5:E5)"，按下【Enter】键，即可得出计算结果，如下图所示。

第 2 步：利用填充功能向下复制函数，可得出所有商品的销售金额小计，如下图所示。

8. 使用 IF 函数执行条件检测

使用说明

　　IF 函数的功能是根据指定的条件计算结果为 TRUE 或 FALSE，返回不同的结果。使用 IF 函数可对数值和公式执行条件检测。

　　IF 函数的语法结构为 =IF(logical_test,value_if_true,value_if_false)。其中各个函数参数的含义如下。

- logical_test： 表示计算结果为 TRUE 或 FALSE 的任意值或表达式。例如"B5>100"是一个逻辑表达式，

若单元格 B5 中的值大于 100，则表达式的计算结果为 TRUE，否则为 FALSE。

- value_if_true： 是 logical_test 参数为 TRUE 时返回的值。例如，若此参数是文本字符串"合格"，而且 logical_test 参数的计算结果为 TRUE，则返回结果"合格"；若 logical_test 为 TRUE 而 value_if_true 为空时，则返回 0。

- value_if_false： 是 logical_test 为 FALSE 时返回的值。例如，若此参数是文本字符串"不合格"，而 logical_test 参数的计算结果为 FALSE，则返回结果"不合格"；若 logical_test 为 FALSE 而 value_if_false 被省略，即 value_if_true 后面没有逗号，则会返回逻辑值 FALSE；若 logical_test 为 FALSE 且 value_if_false 为空，即 value_if_true 后面有逗号且紧跟着右括号，则会返回 0。

解决方法

　　例如，以表格中的总分为关键字，80 分以上（含 80 分）的为"录用"，其余的则为"淘汰"，具体操作方法如下。

第 1 步：打开素材文件（位置：素材文件 \ 第 5 章 \ 新进员工考核表 .xlsx），❶ 选中要存放结果的单元格，如 G4；❷ 单击【公式】选项卡下【函数库】组中的【插入函数】按钮，如下图所示。

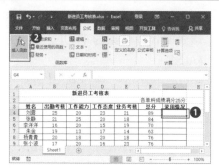

第 2 步：❶ 打开【插入函数】对话框，在【选择函数】列表框中选择 IF 函数；❷ 单击【确定】按钮，如下图所示。

第 3 步：❶ 打开【函数参数】对话框，设置【Logical_test】为【F4>=80】，【Value_if_true】为【"录用"】，【Value_if_false】为【"淘汰"】；❷ 单击【确定】按钮，如下图所示。

第 4 步： 利用填充功能向下复制函数，

即可计算出其他员工的录用情况，如下图所示。

知识拓展

在实际应用中，一个 IF 函数可能达不到工作的需要，这时可以使用多个 IF 函数进行嵌套。IF 函数嵌套的语法结构为 =IF(logical_test,value_if_true,IF(logical_test,value_if_true,IF(logical_test,value_if_true,…,value_if_false)))。该语法可以理解成"如果（某条件，条件成立返回的结果，如果（某条件，条件成立返回的结果，如果（某条件，条件成立返回的结果，……，条件不成立返回的结果)))"。例如，在本例中以表格中的总分为关键字，80 分以上（含 80 分）的为"录用"，70 分以上（含 70 分）的为"有待观察"，其余的则为"淘汰"，G4 单元格的函数表达式即为"=IF(F4>=80,"录用",IF(F4>=70,"有待观察","淘汰"))"。

第 6 章

财务函数的应用技巧

在办公应用中，财务类函数是使用比较频繁的一类函数。使用财务函数，可以非常便捷地进行一般的财务计算，如计算贷款的每期付款额、计算贷款在给定期间内偿还的本金、计算给定时间内的折旧值、计算投资的未来值、计算投资的净现值等。本章将讲解财务函数的使用方法，通过本章的学习，可以帮助你轻松掌握财务函数的使用。

下面，来看看以下一些财务函数中的常见问题，你是否会处理或已掌握。

✓ 在银行办理零存整取的业务，你知道怎样计算 3 年后的总存款数吗？

✓ 已知初期投资金额和每年贴现率，你知道怎样计算净现值吗？

✓ 某人向银行贷款，在现有的贷款期限和年利率条件下，你知道应该怎样计算两个付款期之间累计支付的利息吗？

✓ 已知某公司在一段时间内现金的流动情况，现金的投资利率，现金的再投资利率，你知道应该怎样计算出内部收益率吗？

✓ 某公司向银行贷款 50 万元，需要计算每月应偿还的金额，你知道应该怎样计算吗？

✓ 投资了某个数额的资金，知道每月支付的费用和付款期限，你知道应该使用什么函数来计算每月投资利率和年投资利率吗？

希望通过本章内容的学习，能帮助你解决以上问题，并学会在 Excel 中财务函数的应用技巧。

6.1 投资预算与收益函数的应用

扫一扫，看视频

本节将介绍投资预算与收益类的财务函数，如计算投资的未来值、计算投资的现值等。

1. 使用 FV 函数计算投资的未来值

使用说明

FV 函数可以基于固定利率和等额分期付款方式，计算某项投资的未来值。FV 函数的语法结构为 =FV(rate,nper,pmt,pv,type)，各参数的含义如下。

- rate：各期利率。
- nper：总投资期，即该项投资的付款期总数。
- pmt：各期所应支付的金额，其数值在整个年金期间保持不变，通常包括本金和利息，但不包括其他费用及税款，如果忽略 pmt，则必须包括 pv 参数。
- pv：现值，即从该项投资开始计算时已经入账的款项，或一系列未来付款的当前值的累积和，也被称为本金，如果省略 pv，则假设其值为 0，并且必须包括 pmt 参数。
- type：数字 0 或 1，用以指定各期的付款时间是在期初还是期末。如果省略 type，则假设其值为 0。

解决方法

例如，在银行办理零存整取的业务，每月存款 5000 元，年利率 2%，存款期限为 3 年（36 个月），计算 3 年后的存款总额，具体操作方法如下。

打开素材文件（位置：素材文件\第 6 章\计算存款总额 .xlsx），选中要存放结果的单元格 B5，输入函数"=FV(B4/12,B3,B2,1)"，按下【Enter】键，即可得出计算结果，如下图所示。

2. 使用 PV 函数计算投资的现值

使用说明

使用 PV 函数可以返回某项投资的现值，现值为一系列未来付款的当前值的累积和。PV 函数的语法结构为 =PV（rate,nper,pmt,fv,type），各参数的含义如下。

- rate（必选）：各期利率。例如，当利率为 6% 时，使用 6%/4 计算一个季度的还款额。
- nper（必选）：总投资期，即该项投资的偿款期总数。
- pmt（必选）：各期所应支付的金额，其数值在整个年金期间保持不变。
- fv（可选）：未来值，或在最后一

次支付后希望得到的现金余额。如果省略 fv，则假设其值为 0。

- type（可选）：数值 0 或 1，用以指定各期的付款时间是在期初还是期末。

📖 解决方法

例如，某位员工购买了一份保险，现在每月支付 520 元，支付期限为 18 年，收益率为 7%，现计算其购买保险金的现值，具体操作方法如下。

打开素材文件（位置：素材文件 \ 第 6 章 \ 计算现值 .xlsx），选中要存放结果的单元格 B4，输入函数"=PV(B3/12,B2*12,B1,,0)"，按下【Enter】键，即可得出计算结果，如下图所示。

- rate：某一期间的贴现率，为固定值。
- value1,value2,…：为 1~29 个参数，代表支出及收入。

📖 解决方法

例如，一年前初期投资金额为 100000 元，年贴现率为 12%，第一年收益为 20000 元，第二年收益为 55000 元，第三年收益为 72000 元，要计算净现值，具体操作方法如下。

打开素材文件（位置：素材文件 \ 第 6 章 \ 计算净现值 .xlsx），选中要存放结果的单元格 B6，输入函数"=NPV(B5,B1,B2,B3,B4)"，按下【Enter】键，即可得出计算结果，如下图所示。

3. 使用 NPV 函数计算投资净现值

📱 使用说明

NPV 函数可以基于一系列将来的收（正值）支（负值）现金流和贴现率，计算一项投资的净现值。NPV 函数的语法结构为 =NPV(rate, value1, value2,…)，各参数的含义介绍如下。

4. 使用 NPER 函数计算投资的期数

📱 使用说明

如果需要基于固定利率及等额分期付款方式，返回某项投资或贷款的期数，可使用 NPER 函数实现。NPER 函数的语法结构为 =NPER(rate, pmt, pv,[fv],[type])，各参数的含义介绍如下。

- rate（必选）：各期利率。
- pmt（必选）：各期还款额。
- pv（必选）：从该项投资或贷款开始计算时已经入账的款项，或一系列未来付款的当前值的累积和。
- fv（可选）：未来值，或在最后一次付款后希望得到的现金余额。如果省略 fv，则假设其值为 0（例如，一笔贷款的未来值即为 0）。
- type（可选）：数值 0 或 1，用来指定付款时间是期初还是期末。

📄 解决方法

例如，某公司向债券公司借贷 35000000 元，年利率为 8%，每年需要支付 4000000 元的还款金额，现在需要计算该贷款的还款年限，具体操作方法如下。

打开素材文件（位置：素材文件 \ 第 6 章 \ 计算投资的期数 .xlsx），选中要存放结果的单元格 B4，输入函数 "=NPER(B3,B2,B1,,1)"，按下【Enter】键，即可得出计算结果，如下图所示。

5. 使用 XNPV 函数计算现金流的净现值

📑 使用说明

XNPV 函数用于计算现金流计划的净现值，XNPV 函数的语法结构为 =XNPV(rate,values,dates)，各参数的含义介绍如下。

- rate：应用于现金流的贴现率。
- values：一系列按日期对应付款计划的现金流。首期支付是可选的，并与投资开始时的成本或支付有关。如果第 1 个值是成本或支付，则它必须是负值。所有后续支付都基于 365 天 / 年贴现。数值系列必须至少包含一个正数和一个负数。
- dates：对应现金流付款的付款日期计划，第 1 个支付日期代表支付的开始日期。其他所有日期应迟于该日期，但可按任何顺序排列。

📄 解决方法

例如，根据某项投资的年贴现率、投资额以及不同日期中预计的投资回报金额，计算出该投资项目的净现值，具体操作方法如下。

打开素材文件（位置：素材文件 \ 第 6 章 \ 计算现金流的净现值 .xlsx），选中要存放结果的单元格 C8，输入函数 "=XNPV(C1,C3:C7,B3:B7)"，按下【Enter】键，即可得出计算结果，如下图所示。

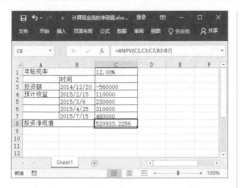

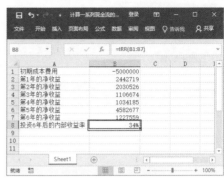

6. 使用 IRR 函数计算一系列现金流的内部收益率

使用说明

IRR 函数用于计算由数值代表的一组现金流的内部收益率，IRR 函数的语法结构为 =IRR(values,guess)，各参数的含义介绍如下。

- values：数组或单元格引用，这些单元格包含用来计算内部收益率的数字。
- guess：对函数 IRR 计算结果的估计值，如果忽略，则为 0.1（10%）。

解决方法

例如，根据提供的现金流量，计算出一系列现金流的内部收益率，具体操作方法如下。

打开素材文件（位置：素材文件\第 6 章\计算一系列现金流的内部收益率 .xlsx），选中要存放结果的单元格 B8，输入函数"=IRR(B1:B7)"，按下【Enter】键，即可得出计算结果，如下图所示。

7. 使用 XIRR 函数计算现金流计划的内部收益率

使用说明

XIRR 函数用于计算现金流计划的内部收益率，XIRR 函数的语法结构为 =XIRR(values,dates,[guess])，各参数的含义介绍如下。

- values（必选）：一系列按日期对应付款计划的现金流。
- dates（必选）：对应现金流付款的付款日期计划。
- guess（可选）：对函数 XIRR 计算结果的估计值，如果忽略，则为 0.1（10%）。

解决方法

例如，根据现金流及对应的时间，计算出在该段时间中现金流量的内部收益率，具体操作方法如下。

打开素材文件（位置：素材文件\第 6 章\计算现金流计划的内部收益率 .xlsx），选中要存放结果的单元格 B9，输入函数"=XIRR(B2:B8,A2:A8)"，按下【Enter】键，即可得出计算结果，然后将数字格式设置为百分比格式，如下图所示。

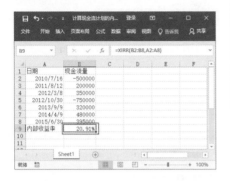

8. 使用 MIRR 函数计算正、负现金流在不同利率下支付的内部收益率

使用说明

如果需要计算某一连续期间内现金流的修正内部收益率，可通过 MIRR 函数实现。MIRR 函数的语法结构为 =MIRR(values,finance_rate,reinvest_rate)，各参数的含义介绍如下。

- values：一个数组或对包含数字的单元格的引用，这些数字代表各期的一系列支出（负值）及收入（正值）。
- finance_rate：现金流中使用的资金支付的利率。
- reinvest_rate：将现金流再投资的收益率。

解决方法

例如，根据某公司在一段时间内现金的流动情况、投资利率和再投资利率，计算出修正收益率，具体操作

方法如下。

打开素材文件（位置：素材文件\第 6 章\计算在不同利率下支付的修正内部收益率 .xlsx），选中要存放结果的单元格 B9，输入函数"=MIRR(B1:B6,B7,B8)"，按下【Enter】键，即可得出计算结果，如下图所示。

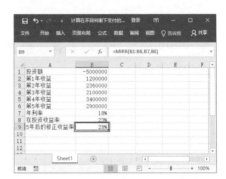

9. 使用 FVSCHEDULE 函数计算某投资在利率变化下的未来值

使用说明

如果需要计算某项投资在变动或可调利率下的未来值，可通过 FVSCHEDULE 函数实现。FVSCHEDULE 函数的语法结构为 =FVSCHEDULE(principal,schedule)，各参数的含义介绍如下。

- principal：现值。
- schedule：要应用的利率数组。

解决方法

例如，投资 6000000 元，投资期为 7 年，且 7 年投资期内利率各不相同，现在需要计算出 7 年后该投资的回收

金额，具体操作方法如下。

打开素材文件（位置：素材文件\第 6 章\计算某投资在利率变化下的未来值 .xlsx），选中要存放结果的单元格 B9，输入函数"=FVSCHEDULE(B1,B2:B8)"，按下【Enter】键，即可得出计算结果，如下图所示。

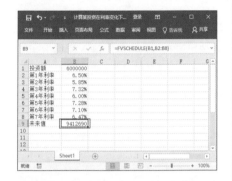

6.2　本金和利息函数的应用

本节将介绍本金和利息类的财务函数，如计算贷款的每期付款额、计算贷款在给定期间内偿还的本金等。

扫一扫，看视频

1. 使用 CUMIPMT 函数计算两个付款期之间累计支付的利息

使用说明

函数 CUMIPMT 用于计算一笔贷款在指定期间累计需要偿还的利息数额。CUMIPMT 函数的语法结构为 =CUMIPMT(rate,nper,pv,start_period,end_period,type)。各函数的含义介绍如下。

- rate：利率。
- nper：总付款期数。
- pv：现值。
- start_period：计算中的首期，付款期数从 1 开始计数。
- end_period：计算中的末期。
- type：付款时间类型。

解决方法

例如，某人向银行贷款 500000 元，贷款期限为 12 年，年利率为 9%，现计算此项贷款第一个月所支付的利息，以及第二年所支付的总利息，具体操作方法如下。

第 1 步： 打开素材文件（位置：素材文件\第 6 章\贷款明细表 .xlsx），选中要存放第一个月支付利息的单元格 B5，输入函数"=CUMIPMT(B4/12, B3*12,B2,1,1,0)"，按下【Enter】键，即可得出计算结果，如下图所示。

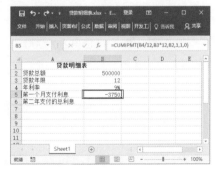

第 2 步： 选中要存放第二年支付总利息结果的单元格 B6，输入函数"=CU-MIPMT(B4/12,B3*12,B2,13,24,0)"，按下【Enter】键，即可得出计算结果，

如下图所示。

2. 使用 CUMPRINC 函数计算两个付款期之间累计支付的本金

📋 使用说明

CUMPRINC 函数用于计算一笔贷款在给定期间内需要累计偿还的本金数额。CUMPRINC 函数的语法结构为 =CUMPRINC(rate,nper,pv,start_period,end_period,type)，各参数的含义与 CUMIPMT 函数中各参数的含义相同，此处不再赘述。

📖 解决方法

例如，某人向银行贷款 500000 元，贷款期限为 12 年，年利率为 9%，现计算此项贷款第一个月偿还的本金，以及第二年偿还的总本金，具体操作方法如下。

第 1 步： 打开素材文件（位置：素材文件 \ 第 6 章 \ 贷款明细表 1.xlsx），选中要存放第一个月偿还本金结果的单元格 B5，输入函数 "=CUMPRINC(B4/12,B3*12,B2,1,1,0)"，按下【Enter】

键，即可得出计算结果，如下图所示。

第 2 步： 选中要存放第二年偿还总本金结果的单元格 B6，输入函数 "=CUMPRINC(B4/12,B3*12,B2,13,24,0)"，按下【Enter】键，即可得出计算结果，如下图所示。

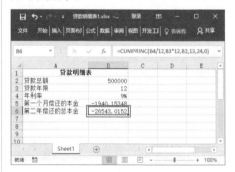

3. 使用 PMT 函数计算月还款额

📋 使用说明

PMT 函数可以基于固定利率及等额分期付款方式，计算贷款的每期付款额。PMT 函数的语法结构为 =PMT(rate,nper,pv,fv,type)，各参数的含义介绍如下。

- rate：贷款利率。
- nper：该项贷款的付款期总数。

- pv：现值，或一系列未来付款的当前值的累积和，也被称为本金。
- fv：未来值。
- type：用以指定各期的付款时间是在期初（1）还是期末（0 或省略）。

解决方法

例如，某公司因购买写字楼向银行贷款 500000 元，贷款年利率为 8%，贷款期限为 10 年（即 120 个月），现计算每月应偿还的金额，具体操作方法如下。

打开素材文件（位置：素材文件 \ 第 6 章 \ 写字楼贷款计算表 .xlsx），选中要存放结果的单元格 B5，输入函数"=PMT(B4/12,B3,B2)"，按下【Enter】键，即可得出计算结果，如下图所示。

4. 使用 PPMT 函数计算贷款在给定期间内偿还的本金

使用说明

使用 PPMT 函数，可以基于固定利率及等额分期付款方式，返回投资在某一给定期间内的本金偿还额。PPMT 函数的语法结构为 =PPMT(rate,per,nper,pv,fv,type)，各参数的含义介绍如下。

- rate（必选）：各期利率。
- per（必选）：用于计算其本金数额的期次，且必须介于 1~nper 之间。
- nper（必选）：总投资（或贷款）期，即该项投资（或贷款）的付款期总数。
- pv（必选）：现值，或一系列未来付款的当前值的累积和，也被称为本金。
- fv（可选）：未来值，或在最后一次付款后可以获得的现金余额。如果省略 fv，则假设其值为 0，也就是一笔贷款的未来值为 0。
- type（可选）：数字 0 或 1，用以指定各期的付款时间是在期初还是期末。

解决方法

例如，假设贷款额为 500000 元，贷款期限为 15 年，年利率为 10%，现分别计算贷款第一个月和第二个月需要偿还的本金，具体操作方法如下。

第 1 步： 打开素材文件（位置：素材文件 \ 第 6 章 \ 贷款明细表 2.xlsx），选中要存放结果的单元格 B5，输入函数"=PPMT(B4/12,1,B3*12,B2)"，按下【Enter】键，即可得出计算结果，如下图所示。

第 2 步： 选中要存放结果的单元格 B6，输入函数"=PPMT(B4/12,2,B3*12,B2)"，按下【Enter】键，即可得出计算结果，如下图所示。

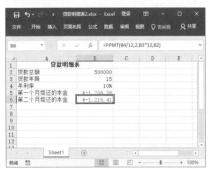

5. 使用 IPMT 函数计算贷款在给定期间内支付的利息

📑 **使用说明**

　　如果需要基于固定利率及等额分期付款方式，返回给定期数内对投资的利息偿还额，可通过 IPMT 函数实现。IPMT 函数的语法结构为 =IPMT(rate,per,nper,pv,fv,type)，各参数的含义介绍如下。

- rate：各期利率。
- per：用于计算其利息数额的期数，

且必须在 1~nper 之间。

- nper：总投资期，即该项投资的付款期总数。
- pv：现值，即从该项投资开始计算时已经入账的款项，也被称为本金。
- fv：未来值，或在最后一次付款后希望得到的现金余额。如果省略 fv，则假设其值为 0。
- type：数字 0 或 1，用以指定各期的付款时间是在期初还是期末。如果省略，则假设其值为 0。

📑 **解决方法**

　　例如，贷款 100000 元，年利率为 8%，贷款期数为 1，贷款年限为 3 年，现要分别计算第一个月和最后一年的利息，具体操作方法如下。

第 1 步： 打开素材文件（位置：素材文件 \ 第 6 章 \ 贷款明细表 3.xlsx），选中要存放结果的单元格 B6，输入函数"=IPMT(B5/12,B3*3,B4,B2)"，按下【Enter】键，即可得出计算结果，如下图所示。

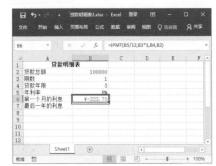

第 2 步： 选中要存放结果的单元格

B7，输入函数"=IPMT(B5,3,B4,B2)"，按下【Enter】键，即可得出计算结果，如下图所示。

6. 使用 ISPMT 函数计算特定投资期内支付的利息

使用说明

ISPMT 函数用于计算特定投资期内要支付的利息，ISPMT 函数的语法结构为 =ISPMT(rate,per,nper,pv)，各参数的含义介绍如下。

- rate（必选）：投资的利率。
- per（必选）：计算利息的期数，此值必须在 1~nper 之间。
- nper（必选）：投资的总支付期数。
- pv（必选）：投资的现值。对于贷款，pv 为贷款数额。

解决方法

例如，某公司需要投资某个项目，已知该投资的回报率为 18%，投资年限为 5 年，投资总额为 5000000 元，现在分别计算投资期内第一个月与第一年支付的利息额，具体操作方法如下。

第 1 步：打开素材文件（位置：素材文件 \ 第 6 章 \ 投资明细 .xlsx），选中要存放结果的单元格 B4，输入"=ISPMT(B3/12,1,B2*12,B1)"，按下【Enter】键，即可得出计算结果，如下图所示。

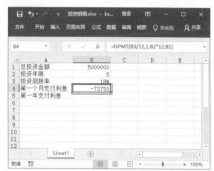

第 2 步：选中要存放结果的单元格 B5，输入函数"=ISPMT(B3,1,B2,B1)"，按下【Enter】键，即可得出计算结果，如下图所示。

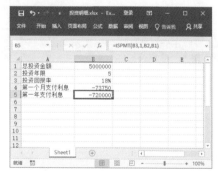

7. 使用 RATE 函数计算年金的各期利率

使用说明

RATE 函数用于计算年金的各期利率，RATE 函数的语法结构为 =RATE(nper,pmt,pv,fv,type,guess)，各参数的含义介绍如下。

- nper：总投资期。
- pmt：各期付款额。
- pv：现值。
- fv：未来值。
- type：用以指定各期的付款时间是在期初还是期末。
- guess：预期利率。

解决方法

例如，投资总额为 5000000 元，每月支付 12 万元，付款期限 5 年，要分别计算每月投资利率和年投资利率，具体操作方法如下。

第 1 步： 打开素材文件（位置：素材文件\第 6 章\投资明细 1.xlsx），选中要存放结果的单元格 B5，输入函数"=RATE(B4*12,B3,B2)"，按下【Enter】键，即可得出计算结果，如下图所示。

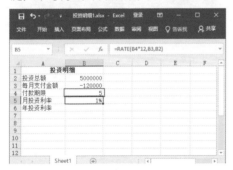

第 2 步： 选中要存放结果的单元格 B6，输入函数"=RATE(B4*12,B3,B2)*12"，按下【Enter】键，即可得出计算结果，然后根据需要，将数字格式设置为百分比格式，如下图所示。

8. 使用 EFFECT 函数计算有效的年利率

使用说明

如果需要利用给定的名义年利率和每年的复利期数，计算有效的年利率，可通过 EFFECT 函数实现。EFFECT 函数的语法结构为 =EFFECT(nominal_rate,npery)，各参数含义介绍如下。

- nominal_rate：名义利率。
- npery：每年的复利期数。

解决方法

例如，假设名义年利率为 8%，复利计算期数为 6 期，现要计算有效的年利率，具体操作方法如下。

打开素材文件（位置：素材文件\第 6 章\计算有效的年利率 .xlsx），选中要存放结果的单元格 B3，输入函数"=EFFECT(B1,B2)"，按下【Enter】键，即可得出计算结果，然后根据需要，将数字格式设置为百分比格式，如下图所示。

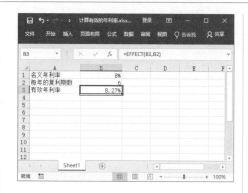

9. 使用 NOMINAL 函数计算名义年利率

使用说明

如果需要基于给定的实际利率和年复利期数，返回名义年利率，可通过 NOMINAL 函数实现。NOMINAL 函数的语法结构为 =NOMINAL(effect_rate,npery)，各参数含义介绍如下。

- effect_rate：实际利率。
- npery：每年的复利期数。

解决方法

例如，假设实际利率为 12%，复利计算期数为 8，现要计算名义利率，具体操作方法如下。

打开素材文件（位置：素材文件\第 6 章\计算名义年利率 .xlsx），选中要存放结果的单元格 B3，输入函数"=NOMINAL(B1,B2)"，按下【Enter】键，即可得出计算结果，然后根据需要，将数字格式设置为百分比格式，如下图所示。

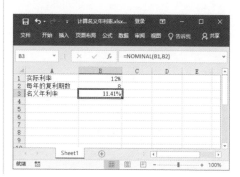

✏️ 读书笔记

第 7 章

文本函数 / 逻辑函数 / 时间函数的应用技巧

Excel 函数中包括一些专门用于处理文本、逻辑和时间的函数，使用这些函数，可以方便地查找数据中的相关信息。本节将介绍文本、逻辑和时间函数的应用技巧。

下面，来看看以下一些文本函数、逻辑函数和时间函数使用中的常见问题，你是否会处理或已掌握。

✓ 员工登记表记录了员工的身份证号码，想要知道员工的年龄，可以使用什么函数从身份证号码中提取员工的年龄呢？

✓ 员工信息登记表中记录了员工的地址信息，使用什么方法可以从地址信息中提取员工所在的省市呢？

✓ 在招聘新员工时，想要录取笔试成绩合格，但同时淘汰工作态度不合格的员工，应该使用什么函数？

✓ 想要知道各员工进入公司的年份和月份，你知道应该分别使用哪些函数吗？

✓ 在分析数据时，怎样才能从记录有开始时间和结束时间的数据中，计算出花费的小时数、分钟数和秒数？

✓ 在制作表格时，使用什么函数可以快速地插入当前的日期和时间？

希望通过本章内容的学习，能帮助你解决以上问题，并学会文本函数、逻辑函数和时间函数的应用技巧。

7.1 文本函数与逻辑函数的应用

扫一扫，看视频

文本函数主要用于提取文本中的指定内容、转换数据类型等。逻辑函数根据不同条件进行不同处理，条件式中使用比较运算符号指定逻辑式，并用逻辑值表示结果。接下来将讲解文本函数与逻辑函数的使用方法和相关应用。

1. 使用 MID 函数从文本指定位置起提取指定个数的字符

🗐 使用说明

如果需要从字符串指定的起始位置开始返回指定长度的字符，可通过 MID 函数实现。MID 函数的语法结构为 =MID（text,start_num, num_chars），各参数的含义介绍如下。

- text（必选）：包含需要提取字符的文本、字符串，或是对含有提取字符串单元格的引用。
- start_num（必选）：需要提取的第 1 个字符的位置。
- num_chars（必选）：需要从第 1 个字符位置开始提取字符的个数。

📑 解决方法

例如，要从身份证号码中将出生年提取出来，具体操作方法如下。

第 1 步： 打开素材文件（位置：素材文件\第 7 章\员工信息登记表 .xlsx），选中要存放结果的单元格 F3，输入函

数"=MID(E3,7,4)"，按下【Enter】键，即可得到计算结果，如下图所示。

第 2 步： 利用填充功能向下复制函数，即可计算出其他员工的出生年，如下图所示。

2. 使用 RIGHT 函数从文本右侧起提取指定个数的字符

🗐 使用说明

RIGHT 函数是从一个文本字符串的最后一个字符开始，返回指定个数的字符。RIGHT 函数的语法结构为 =RIGHT（text,num_chars），各参数的含义介绍如下。

- text（必选）：需要提取字符的文本字符串。
- num_chars（可选）：指定需要提取的字符数，如果忽略，则为 1。

解决方法

例如，利用 RIGHT 函数将员工的名字提取出来，具体操作方法如下。

第 1 步： 打开素材文件（位置：素材文件＼第 7 章＼员工档案表 .xlsx），姓名有三个字符时的操作。选中要存放结果的单元格 F3，输入函数"=RIGHT(A3,2)"，按下【Enter】键，即可得到计算结果，将该函数复制到其他需要计算的单元格，如下图所示。

第 2 步： 姓名有两个字符时的操作。选中要存放结果的单元格 F5，输入函数"=RIGHT(A5,1)"，按下【Enter】键，即可得到计算结果，将该函数复制到其他需要计算的单元格，如下图所示。

温馨提示

使用 RIGHT 函数时，如果参数 num_chars 为 0，RIGHT 函数将返回空文本；如果参数 num_chars 为负数，RIGHT 函数将返回错误值 #VALUE！；如果参数 num_chars 大于文本总体长度，RIGHT 函数将返回所有文本。

3. 使用 LEFT 函数从文本左侧起提取指定个数的字符

使用说明

LEFT 函数是从一个文本字符串的第 1 个字符开始，返回指定个数的字符。LEFT 函数的语法结构为 =LEFT (text,num_chars)，各参数的含义介绍如下。

- text（必选）：需要提取字符的文本字符串。
- num_chars（可选）：指定需要提取的字符数，如果忽略，则为 1。

解决方法

例如，利用 LEFT 函数将员工的姓氏提取出来，具体操作方法如下。

第 1 步： 打开素材文件（位置：素材文件＼第 7 章＼员工档案表 1.xlsx），选中要存放结果的单元 E3，输入函数"=LEFT(A3,1)"，按下【Enter】键，即可得到计算结果，如下图所示。

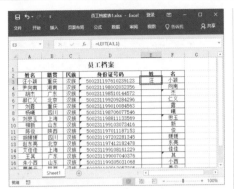

第 2 步： 利用填充功能向下复制函数，即可将所有员工的姓氏提取出来，如下图所示。

4. 使用 LEFTB 函数从文本左侧起提取指定字节数的字符

使用说明

如果需要从字符串第 1 个字符开始返回指定字节数的字符，可通过 LEFTB 函数实现。LEFTB 函数的语法结构为 =LEFTB（text,num_bytes），各参数的含义介绍如下。

- text（必选）：需要提取字符的文本字符串。

- num_bytes（可选）：需要提取的字节数，如果忽略，则为 1。

解决方法

例如，要根据地址提取所在城市，具体操作方法如下。

第 1 步： 打开素材文件（位置：素材文件 \ 第 7 章 \ 员工档案表 1.xlsx），选中要存放结果的单元格 D3，输入函数"=LEFTB(C3,6)"，按下【Enter】键，即可得到计算结果，如下图所示。

第 2 步： 利用填充功能向下复制函数，即可将所有员工的所在城市提取出来，如下图所示。

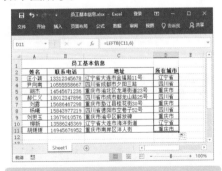

温馨提示

通常情况下，一个中文字符占两个字节，一个英文字符占一个字节。

5. 使用 RIGHTB 函数从文本右侧起提取指定字节数的字符

使用说明

如果需要从字符串最后一个字符开始返回指定字节数的字符，可通过 RIGHTB 函数实现。RIGHTB 函数的语法结构为 =RIGHTB（text,num_bytes），各参数的含义介绍如下。

- text（必选）：需要提取字符的文本字符串。
- num_bytes（可选）：需要提取的字节数，如果忽略，则为 1。

解决方法

例如，要使用 RIGHTB 函数提取参会公司名称，具体操作方法如下。

第 1 步： 打开素材文件（位置：素材文件 \ 第 7 章 \ 参会公司 .xlsx），选中要存放结果的单元格 C2，输入函数"=RIGHTB(A2,4)"，按下【Enter】键，即可得到计算结果，如下图所示。

第 2 步： 利用填充功能向下复制函数，即可将其他参会公司名称提取出来，如下图所示。

6. 使用 EXACT 函数比较两个字符串是否相同

使用说明

EXACT 函数用于比较两个字符串是否完全相同，如果完全相同则返回 TRUE，如果不同则返回 FALSE。EXACT 函数的语法结构为 =EXACT（text1,text2），参数 text1（必选），表示需要比较的第 1 个文本字符串；参数 text2（必选），表示需要比较的第 2 个文本字符串。

解决方法

例如，使用 EXACT 函数比较两个经销商的报价是否一致，具体操作方法如下。

第 1 步： 打开素材文件（位置：素材文件 \ 第 7 章 \ 商品报价 .xlsx），选中要存放结果的单元格 D3，输入函数"=EXACT(B3,C3)"，按下【Enter】键，即可得到计算结果，如下图所示。

第2步: 利用填充功能向下复制函数，即可对其他商品的报价进行对比，如下图所示。

7. 使用 CONCATENATE 函数将多个字符串合并到一处

使用说明

　　CONCATENATE 函数用于将多个字符串合并为一个字符串。

　　CONCATENATE 函数的语法结构为 =CONCATENATE（text1,text2,...），参数 text1,text2,... 是 1~255 个要合并的文本字符串，可以是字符串、数字或单元格引用。如果需要直接输入文本，则需要用双引号引起来，否则将返回错误值。

解决方法

　　例如，要将区号与电话号码合并起来，具体操作方法如下。

第1步: 打开素材文件（位置：素材文件\第7章\客户公司联系方式.xlsx），选中要存放结果的单元格 D3，输入函数 "=CONCATENATE(B3,"-",C3)"，按下【Enter】键，即可得到计算结果，如下图所示。

第2步: 利用填充功能向下复制函数，即可将其他区号与电话号码合并起来，如下图所示。

8. 使用 RMB 函数将数字转换为带人民币符号￥的文本

使用说明

　　如果希望用货币格式将数值

转换成文本格式，可通过 RMB 函数实现。RMB 函数的语法结构为 =RMB(number,decimals)，各参数的含义介绍如下。

- number（必选）：表示需要转换成人民币格式的数字。
- decimals（可选）：指定小数点右边的位数。如果必要，数字将四舍五入；如果忽略，decimals 的值为 2。

📄 **解决方法**

例如，使用 RMB 函数为产品价格添加货币符号，具体操作方法如下。

第 1 步： 打开素材文件（位置：素材文件 \ 第 7 章 \ 商品价格信息 .xlsx），选中要存放结果的单元格 C3，输入函数"=RMB(B3*6.39,2)"，按下【Enter】键，即可得到计算结果，如下图所示。

第 2 步： 利用填充功能向下复制函数，即可对其他单元格数据进行计算，如下图所示。

9. 使用 VALUE 函数将文本格式的数字转换为普通数字

🗂 **使用说明**

如果要将一个代表数值的文本字符串转换成数值，可通过 VALUE 函数实现。VALUE 函数的语法结构为 =VALUE（text），参数 text 表示要转换成数值的文本，可以是带双引号的文本，也可以是一个单元格引用。

📄 **解决方法**

例如，使用 VALUE 函数将计算出的通话秒数转换成普通数字，具体操作方法如下。

第 1 步： 打开素材文件（位置：素材文件 \ 第 7 章 \ 通话明细 .xlsx），选中要存放结果的单元格 C3，输入函数"=VALUE(HOUR(B3)*3600+ MINUTE(B3)*60+SECOND(B3))"，按下【Enter】键，即可得到计算结果，如下图所示。

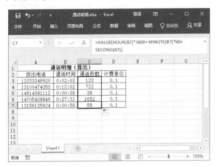

第2步： 利用填充功能向下复制函数，即可对其他单元格数据进行计算，如下图所示。

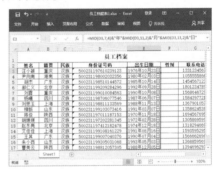

10. 从身份证号码中提取出生日期和性别

使用说明

在管理员工信息的过程中，有时需要建立一份电子档案，档案中一般会包含身份证号码、性别、出生年月日等信息。当员工人数太多时，逐个输入，是件非常烦琐的工作。为了提高工作效率，我们可以利用 MID 和 TRUNC 函数，从身份证号码中快速提取出生日期和性别。

解决方法

如果要根据身份证号码分别提取

员工的出生日期和性别，具体操作方法如下。

第1步： 打开素材文件（位置：素材文件\第7章\员工档案表2.xlsx），选中要存放结果的单元格 E3，输入函数 "=MID(D3,7,4)&" 年 "&MID(D3,11,2)&" 月 "&MID(D3,13,2)&" 日 ""，按下【Enter】键，即可得到计算结果。利用填充功能向下复制函数，即可计算出所有员工的出生日期，如下图所示。

第2步： 选中要存放结果的单元格 F3，输入函数 "=IF(MID(D3,17,1)/2=TRUNC(MID(D3,17,1)/2)," 女 "," 男 ")"，按下【Enter】键，即可得到计算结果。利用填充功能向下复制函数，即可计算出所有员工的性别，如下图所示。

11. 快速从文本右侧提取指定数量的字符

使用说明

在使用 RIGHT 函数提取员工名字时，可以发现要分别对有三个字符和两个字符的姓名进行提取，为了提高工作效率，可以通过 RIGHT 和 LEN 函数，快速从文本右侧开始提取指定数量的字符。

LEN 函数用于返回文本字符串中的字符个数。LEN 函数的语法结构为 =LEN(text)，参数 text 是要计算字符个数的文本字符串。

解决方法

例如，利用 RIGHT 和 LEN 函数将员工的姓名提取出来，具体操作方法如下。

第 1 步： 打开素材文件（位置：素材文件 \ 第 7 章 \ 员工档案表 3.xlsx），选中要存放结果的单元格 F3，输入函数 "=RIGHT(A3,LEN(A3)-1)"，按下【Enter】键，即可得到计算结果，如下图所示。

> **温馨提示**
>
> 参照本例的操作方法，还可将 LEFT 函数和 LEN 函数结合使用，以便快速从文本左侧开始提取指定数量的字符。

第 2 步： 利用填充功能向下复制函数，即可将其他员工的姓名提取出来，如下图所示。

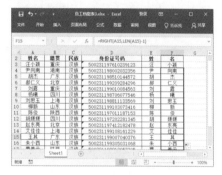

12. 只显示身份证号码后 4 位数

使用说明

为了保证用户的个人信息安全，一些常用的证件号码，如身份证、银行卡号码等，可以只显示后面 4 位号码，其他号码则用星号代替。针对这类情况，可以通过 CONCATENATE、RIGHT 和 REPT 函数实现。

REPT 函数用于在单元格中重复填写一个文本字符串。REPT 函数的语法结构为 =REPT(text,number_times)，其中，text 是指定需要重复显示的文本，number_times 是指定文本的重复次数，范围在 0~32767 之间。

📋 解决方法

例如，只显示身份证号码的最后 4 位数，具体操作方法如下。

第 1 步： 打开素材文件（位置：素材文件 \ 第 7 章 \ 员工档案表 4.xlsx），选中要存放结果的单元格 E3，输入函数 "=CONCATENATE(REPT("*",14), RIGHT(D3,4))"，按下【Enter】键，即可得到计算结果，如下图所示。

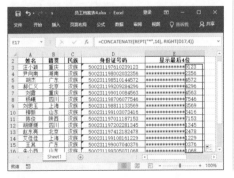

第 2 步： 利用填充功能向下复制函数，即可让其他身份证号码只显示最后 4 位数，如下图所示。

13. 使用 TRUE 函数与 FALSE 函数返回逻辑值

📋 使用说明

TRUE 函数用于返回逻辑值 TRUE，TRUE 函数的语法结构为 =TRUE()。TRUE 函数不需要参数。

FALSE 函数用于返回逻辑值 FALSE，FALSE 函数的语法结构为 =FALSE()。FALSE 函数不需要参数。

如果在单元格内输入 "=TRUE()"，按下【Enter】键可返回 TRUE；若在单元格中输入 "=FALSE()"，按下【Enter】键可返回 FALSE。若在单元格、公式中输入文字 TRUE 或 FALSE，Excel 会自动将它解释成逻辑值 TRUE 或 FALSE。

在 Excel 中，逻辑值与数值的关系如下。

- 在四则运算中，TRUE=1，FALSE=0。例如，输入 "=TRUE-2>3"，将返回 FALSE。
- 在逻辑判断中，0=FALSE，所有的非 0 数值 =TRUE。
- 在比较运算中，数值 < 文本 <FALSE<TRUE。例如，输入 "=TRUE<5"，将返回 FALSE。

📋 解决方法

例如，使用逻辑值判断数据大小，具体操作方法如下。

第 1 步： 打开素材文件（位置：素材

文件 \ 第 7 章 \ 判断数据大小 .xlsx），选中要存放结果的单元格 C2，输入函数"=A2>B2"，按下【Enter】键，此时，若 A2 中的数据大于 B2 中的数据，将返回 TRUE，否则返回 FALSE，如下图所示。

第 2 步： 利用填充功能向下复制公式，即可对其他数据的大小进行判断，如下图所示。

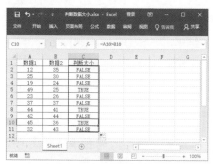

14. 使用 AND 函数判断指定的多个条件是否同时成立

使用说明

　　AND 函数用于判断多个条件是否同时成立，如果所有条件成立，则返回 TRUE，如果其中任意一个条件不成立，则返回 FALSE。AND 函数的语法

结构为 =AND(logical1, logical2,…)，logical1,logical2,… 是 1~255 个结果为 TRUE 或 FALSE 的检测条件，检测内容可以是逻辑值、数组或引用。

解决方法

　　例如，使用 AND 函数判断用户是否能申请公租房，具体操作方法如下。

第 1 步： 打开素材文件（位置：素材文件 \ 第 7 章 \ 申请公租房 .xlsx），选中要存放结果的单元格 F3，输入函数"=AND(B3>1,C3>6,D3<3000,E3<13)"，按下【Enter】键，即可得出计算结果，如下图所示。

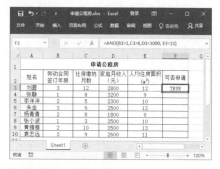

第 2 步： 利用填充功能向下复制函数，即可计算出其他用户是否有资格申请公租房，如下图所示。

15. 使用 OR 函数判断多个条件中是否至少有一个条件成立

使用说明

OR 函数用于判断多个条件中是否至少有一个条件成立。在其参数组中，任何一个参数逻辑值为 TRUE，则返回 TRUE；若所有参数逻辑值为 FALSE，则返回 FALSE。OR 函数的语法结构为 =OR(logical1,logical2,...)，logical1,logical2,... 是 1~255 个结果为 TRUE 或 FALSE 的检测条件，logical1 是必需的，后续逻辑值是可选的。

解决方法

例如，在"新进员工考核表 .xlsx"中，各项考核大于 17 分才能达标，现在使用 OR 函数检查哪些员工的考核成绩都未达标，具体操作方法如下。

第 1 步： 打开素材文件（位置：素材文件 \ 第 7 章 \ 新进员工考核表 .xlsx），选中要存放结果的单元格 F4，输入函数 "=OR(B4>17,C4>17,D4>17,E4>17)"，按下【Enter】键，即可得出计算结果，如下图所示。

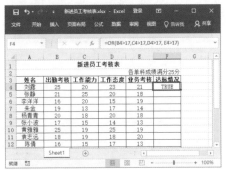

第 2 步： 利用填充功能向下复制函数，即可计算出其他员工的达标情况，如下图所示。

16. 使用 NOT 函数对逻辑值求反

使用说明

NOT 函数用于对参数的逻辑值求反：如果逻辑值为 FALSE，NOT 函数返回 TRUE；如果逻辑值为 TRUE，NOT 函数返回 FALSE。NOT 函数的语法结构为 =NOT(logical)，logical 参数表示可以对其进行真（TRUE）假（FALSE）判断的任何值或表达式。

解决方法

例如，在"应聘名单 .xlsx"中，使用 NOT 函数将学历为"大专"的人员淘汰掉（即返回 FALSE），具体操作方法如下。

第 1 步： 打开素材文件（位置：素材文件 \ 第 7 章 \ 应聘名单 .xlsx），选中要存放结果的单元格 F3，输入函数 "=NOT(D3=" 大专 ")"，按下【Enter】键，即可得出计算结果，如下图所示。

第 2 步： 利用填充功能向下复制函数，即可计算出其他人员的筛选情况，如下图所示。

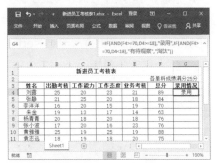

17. 录用条件合格的员工

使用说明

在使用逻辑函数时，相互配合使用，可以得到各种需要的计算结果，所以用户要融会贯通，灵活运用。

解决方法

例如，在"新进员工考核表 1.xlsx"中，设定条件：总分大于等于 70 分的为"录用"，工作态度小于 18 分的为"有待观察"，其余的则为"淘汰"，现在通过 IF 函数和 AND 函数实现，具体操作方法如下。

第 1 步： 打开素材文件（位置：素材文件\第 7 章\新进员工考核表 1.xlsx），选中要存放结果的单元格 G4，输入函数"=IF(AND(F4>=70,D4>=18),"录用",IF(AND(F4>=70,D4<18),"有待观察","淘汰"))"，按下【Enter】键，即可得出计算结果，如下图所示。

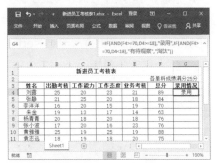

第 2 步： 利用填充功能向下复制函数，即可计算出其他人员的录用情况，如下图所示。

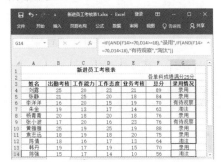

7.2　日期与时间函数的应用

日期与时间函数经常用来进行时间的处理，使用该类函数可使办公操作更加简便快捷。接下来将介绍在日常应用中日期与时间函数的

扫一扫，看视频

使用方法，如返回年份、月份、计算工龄等。

1. 使用 YEAR 函数返回年份

使用说明

YEAR 函数用于返回指定日期的年份值，是介于 1900~9999 之间的数字。YEAR 函数的语法结构为 =YEAR(serial_number)，参数 serial_number 为指定的日期。

解决方法

例如，要统计员工进入公司的年份，具体操作方法如下。

第 1 步： 打开素材文件（位置：素材文件\第 7 章\员工入职时间登记表 .xlsx），选中要存放结果的单元格 C3，输入函数"=YEAR(B3)"，按下【Enter】键，即可得到计算结果，如下图所示。

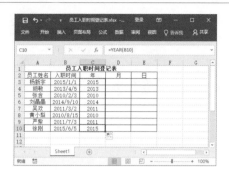

第 2 步： 利用填充功能向下复制函数，即可计算出所有员工的入职年份，如下图所示。

2. 使用 MONTH 函数返回月份

使用说明

MONTH 函数用于返回指定日期的月份值，是介于 1~12 之间的数字。该函数的语法结构为 =MONTH(serial_number)，参数 serial_number 为指定的日期。

解决方法

例如，要统计员工进入公司的月份，具体操作方法如下。

第 1 步： 打开素材文件（位置：素材文件\第 7 章\员工入职时间登记表 1.xlsx），选中要存放结果的单元格 D3，输入函数"=MONTH(B3)"，按下【Enter】键，即可得到计算结果，如下图所示。

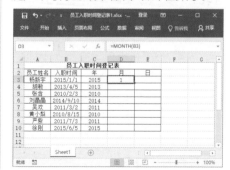

第 2 步: 利用填充功能向下复制函数,即可计算出所有员工的入职月份,如下图所示。

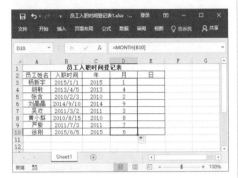

3. 使用 DAY 函数返回某天数值

使用说明

　　DAY 函数用于返回一个月中的第几天的数值,是介于 1~31 之间的数字。DAY 函数的语法结构为 =DAY(serial_number),参数 serial_number 为指定的日期。

解决方法

　　例如,要统计员工进入公司的具体某天数值,具体操作方法如下。

第 1 步: 打开素材文件(位置: 素材文件 \ 第 7 章 \ 员工入职时间登记表 2.xlsx),选中要存放结果的单元格 E3,输入函数"=DAY(B3)",按下【Enter】键,即可得到计算结果,如下图所示。

第 2 步: 利用填充功能向下复制函数,即可计算出所有员工进入公司的具体某天数值,如下图所示。

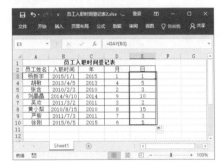

4. 使用 WEEKDAY 函数返回一周中的第几天的数值

使用说明

　　WEEKDAY 函数用于返回某日期为星期几,是一个 1~7 之间的整数。

　　WEEKDAY 函数的语法结构为 =WEEKDAY(serial_number,[return_type]),其中,参数 serial_number(必选)为一个序列号,代表尝试查找的那一天的日期;参数 return_type(可选)用于确定返回值类型的数字。参数 return_type 的值与其返回数字及对应星期数如下。

- 若为 1 或忽略：返回数字 1（星期日）到数字 7（星期六）。

- 若为 2：返回数字 1（星期一）到数字 7（星期日）。

- 若为 3：返回数字 0（星期一）到数字 6（星期日）。

- 若为 11：返回数字 1（星期一）到数字 7（星期日）。

- 若为 12：返回数字 1（星期二）到数字 7（星期一）。

- 若为 13：返回数字 1（星期三）到数字 7（星期二）。

- 若为 14：返回数字 1（星期四）到数字 7（星期三）。

- 若为 15：返回数字 1（星期五）到数字 7（星期四）。

- 若为 16：返回数字 1（星期六）到数字 7（星期五）；

- 若为 17：返回数字 1（星期日）到数字 7（星期六）。

📖 **解决方法**

如果要使用 WEEKDAY 函数返回数值，具体操作方法如下。

第 1 步：打开素材文件（位置：素材文件 \ 第 7 章 \ 返回一周中的第几天的数值 .xlsx），选中要存放结果的单元格 C2，输入函数"=WEEKDAY(A2,B2)"，按下【Enter】键，即可得到计算结果，如下图所示。

第 2 步：利用填充功能向下复制函数，即可返回其他相应的结果，如下图所示。

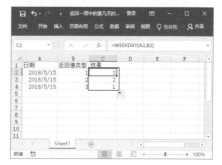

5. 使用 EDATE 函数返回指定日期

📋 **使用说明**

EDATE 函数用于返回表示某个日期的序列号，该日期与指定日期 (start_date) 相隔（之前或之后）指示的月份数。EDATE 函数的语法结构为 =EDATE(start_date,months)，各参数的含义介绍如下。

- start_date（必选）：一个代表开始日期的日期。

- months（必选）：start_date 之前或之后的月份数。months 为正值将生成未来日期；为负值将生成过去日期。

解决方法

如果要使用 EDATE 函数返回指定日期，具体操作方法如下。

第 1 步： 打开素材文件（位置：素材文件 \ 第 7 章 \ 返回指定日期 .xlsx），选中要存放结果的单元格 C2，输入函数 "=EDATE(A2,B2)"，按下【Enter】键，即可得到计算结果，然后将数字格式设置为时间格式，如下图所示。

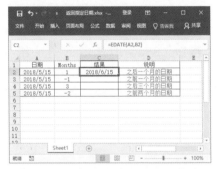

第 2 步： 利用填充功能向下复制函数，即可返回其他相应的结果，如下图所示。

6. 使用 HOUR 函数返回小时数

使用说明

HOUR 函数用于返回时间值的小时数。HOUR 函数的语法结构为 =HOUR(serial_number)，参数 serial_number 为一个时间值。

解决方法

例如，在"实验记录 .xlsx"中，计算各实验阶段所用的小时数，具体操作方法如下。

第 1 步： 打开素材文件（位置：素材文件 \ 第 7 章 \ 实验记录 .xlsx），选中要存放结果的单元格 D4，输入函数 "=HOUR(C4-B4)"，按下【Enter】键，即可计算出第 1 阶段所用的小时数，如下图所示。

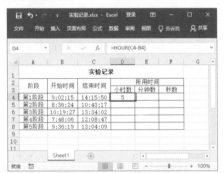

第 2 步： 利用填充功能向下复制函数，即可计算出其他实验阶段所用的小时数，如下图所示。

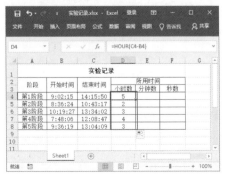

7. 使用 MINUTE 函数返回分钟数

使用说明

MINUTE 函数用于返回时间的分钟数。MINUTE 函数的语法结构为 =MINUTE(serial _number)，参数 serial_number 是必选的，表示一个时间值，其中包含要查找的分钟。

解决方法

如果要计算各实验阶段所用的分钟数，具体操作方法如下。

第 1 步： 打开素材文件（位置：素材文件 \ 第 7 章 \ 实验记录 1.xlsx），选中要存放结果的单元格 E4，输入函数"=MINUTE(C4-B4)"，按下【Enter】键，即可计算出第 1 阶段所用的分钟数，如下图所示。

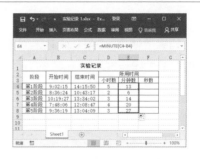

第 2 步： 利用填充功能向下复制函数，即可计算出其他实验阶段所用的分钟数，如下图所示。

8. 使用 SECOND 函数返回秒数

使用说明

SECOND 函数用于返回时间值的秒数，返回的秒数为 0~59 之间的整数。SECOND 函数的语法结构为 =SECOND(serial_number)，参数 serial_number（必选）表示一个时间值，其中包含要查找的秒数。

解决方法

如果要计算各实验阶段所用的秒数，具体操作方法如下。

第 1 步： 打开素材文件（位置：素材文件 \ 第 7 章 \ 实验记录 2.xlsx），选中要存放结果的单元格 F4，输入函数"=SECOND(C4-B4)"，按下【Enter】键，即可计算出第 1 阶段所用的秒数，如下图所示。

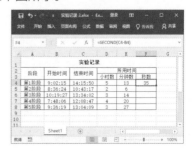

第 2 步： 利用填充功能向下复制函数，即可计算出其他实验阶段所用的秒数，如下图所示。

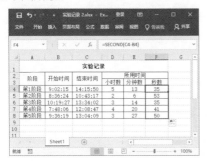

9. 使用 NETWORKDAYS 函数返回两个日期间的全部工作日数

使用说明

　　NETWORKDAYS 函数用于计算两个日期之间的工作日天数，工作日不包括周末和专门指定的假期。NETWORKDAYS 函数的语法结构为 =NETWORKDAYS(start_date, end_date, [holidays])，各参数的含义介绍如下。

- start_date（必选）：一个代表开始日期的日期。
- end_date（必选）：一个代表终止日期的日期。
- holidays（可选）：不在工作日历中的一个或多个日期所构成的可选区域。

解决方法

　　例如，在"项目耗费时间 .xlsx"中，计算各个项目所用工作日天数，具体

操作方法如下。

第 1 步： 打开素材文件（位置：素材文件 \ 第 7 章 \ 项目耗费时间 .xlsx），选中要存放结果的单元格 E3，输入函数"=NETWORKDAYS(B3,C3,D3)"，按下【Enter】键，即可计算出项目 1 所用的工作日天数，然后利用填充功能向下复制函数，计算出项目 2 和项目 3 所用的工作日天数，如下图所示。

第 2 步： 选中单元格 E6，输入函数"=NETWORKDAYS(B5,C5,D6:D7)"，按下【Enter】键，计算出项目 4 所用的工作日天数，如下图所示。

10. 使用 WORKDAY 函数返回若干工作日之前或之后的日期

使用说明

　　WORKDAY 函数用于返回在某日

期（起始日期）之前或之后、与该日期相隔指定工作日的某一日期的日期值。工作日不包括周末和节假日。

WORKDAY 函数的语法结构为 =WORKDAY (start_date,days, [holidays])，各参数的含义介绍如下。

- start_date（必选）：一个代表开始日期的日期。

- days（必选）：start_date 之前或之后不含周末及节假日的天数。days 为正值时将生成未来日期，为负值时将生成过去日期。

- holidays（可选）：一个可选列表，其中包含需要从工作日历中排除的一个或多个日期。该列表可以是包含日期的单元格区域，也可以是由代表日期的序列号所构成的数组常量。

📋 解决方法

例如，在"员工实习时间表 .xlsx"计算员工的实习结束时间，具体操作方法如下。

第 1 步：打开素材文件（位置：素材文件\第 7 章\员工实习时间表 .xlsx），选中要存放结果的单元格 E3，输入函数"=WORKDAY(B3,C3,D3)"，按下【Enter】键，即可得出计算结果，然后将数字格式设置为日期格式，如下图所示。

第 2 步：利用填充功能向下复制函数，计算出其他员工的实习结束时间，如下图所示。

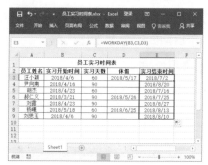

11. 使用 TODAY 函数显示当前日期

📋 使用说明

TODAY 函数用于返回当前日期，该函数不需要计算参数。

📋 解决方法

如果要使用 TODAY 函数显示出当前日期，具体操作方法如下。

打开素材文件（位置：素材文件\第 7 章\员工信息登记表 1.xlsx），选中要存放结果的单元格 B19，输入函数"=TODAY()"，按下【Enter】键，即可显示当前日期，如下图所示。

12. 使用 NOW 函数显示当前日期和时间

使用说明

NOW 函数用于返回当前日期和时间，该函数不需要计算参数。

解决方法

如果要使用 NOW 函数显示出当前日期和时间，具体操作方法如下。

打开素材文件（位置：素材文件 \ 第 7 章 \ 员工信息登记表 2.xlsx），选中要存放结果的单元格 B19，输入函数"=NOW()"，按下【Enter】键，即可显示当前日期和时间，如下图所示。

13. 计算两个日期之间的年份数

使用说明

如果需要计算两个日期之间的年

份数，可通过 YEAR 函数实现。

解决方法

例如，要在"员工离职表 .xlsx"中统计员工在公司的工作年限，具体操作方法如下。

第 1 步： 打开素材文件（位置：素材文件 \ 第 7 章 \ 员工离职表 .xlsx），选中要存放结果的单元格 D3，输入函数"=YEAR(C3)-YEAR(B3)"，按下【Enter】键，即可得到计算结果，如下图所示。

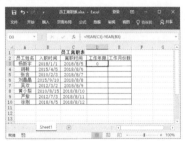

第 2 步： 利用填充功能向下复制函数，即可计算出所有员工的工作年限，如下图所示。

14. 计算两个日期之间的月份数

使用说明

在编辑工作表时，还可计算两个

日期之间间隔的月份数。如果需要计算间隔月份数的两个日期在同年，可使用 MONTH 函数实现；如果需要计算间隔月份数的两个日期不在同一年，则需要使用 MONTH 函数和 YEAR 函数共同实现。

解决方法

例如，要在"员工离职表 1.xlsx"中统计员工在公司的工作月份数，具体操作方法如下。

第 1 步： 打开素材文件（位置：素材文件 \ 第 7 章 \ 员工离职表 1.xlsx），选中要存放结果的单元格 E3，输入函数"=MONTH(C3)-MONTH(B3)"，按下【Enter】键，即可得出计算结果。将该函数复制到其他需要进行计算的单元格，如下图所示。

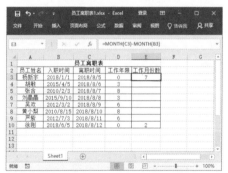

第 2 步： 选中要存放结果的单元格 E4，输入函数"=(YEAR(C4)-YEAR(B4))*12+MONTH(C4)-MONTH(B4)"，按下【Enter】键，即可得出计算结果，将该函数复制到其他需要进行计算的单元格，如下图所示。

15. 将时间值换算为秒数

使用说明

使用时间函数计算数据时，如果希望将时间值换算为秒数，可将 HOUR 函数、MINUTE 函数和 SECOND 函数结合使用。

解决方法

如果要将通话时间换算为秒数，具体操作方法如下。

第 1 步： 打开素材文件（位置：素材文件 \ 第 7 章 \ 通话明细 .xlsx），选中要存放结果的单元格 C3，输入函数"=HOUR(B3)*3600+MINUTE(B3)*60+SECOND(B3)"，按下【Enter】键，即可得到计算结果，然后将数字格式设置为常规格式，如下图所示。

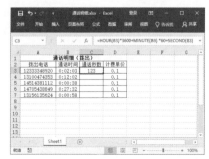

第 2 步： 利用填充功能向下复制函数，即可计算出其他通话使用的秒数，如下图所示。

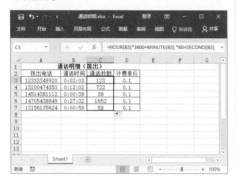

16. 计算员工年龄和工龄

使用说明

在 Excel 中，利用 YEAR 函数和 TODAY 函数，可以快速计算出员工的年龄和工龄。

解决方法

如果要计算员工的年龄和工龄，具体操作方法如下。

第 1 步： 打开素材文件（位置：素材文件＼第 7 章＼员工信息登记表 3.xlsx），选中要存放结果的单元格 G3，输入函数"=YEAR(TODAY())-YEAR(E3)"，按下【Enter】键，即可得到计算结果。此时，该计算结果显示的是日期格式，需要将数字格式设置为常规格式，然后利用填充功能向下复制函数，即可计算出所有员工的年龄，如下图所示。

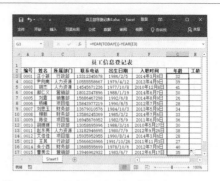

第 2 步： 选中要存放结果的单元格 H3，输入函数"=YEAR(TODAY())-YEAR(F3)"，按下【Enter】键，即可得到计算结果，将数字格式设置为常规格式，然后利用填充功能向下复制函数，即可计算出所有员工的工龄，如下图所示。

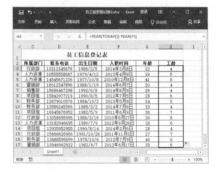

17. 计算还款时间

使用说明

在计算表格数据时，配合使用 EDATE 函数和 TEXT 函数，可计算还款时间。

解决方法

如果要计算还款时间，具体操作方法如下。

第1步： 打开素材文件（位置：素材文件\第7章\个人借贷.xlsx），选中要存放结果的单元格E3，输入函数"=TEXT(EDATE(C3,D3), "yyyy-mm-dd")"，按下【Enter】键，即可得到计算结果，如下图所示。

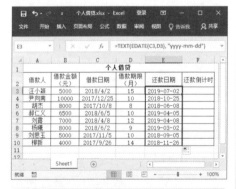

第2步： 利用填充功能能向下复制函数，即可计算出其他人员的还款日期，如下图所示。

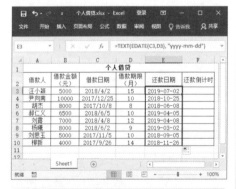

💡 **温馨提示**

TEXT 函数属于文本函数，通过该函数，可以根据指定的数值格式将数字转换成文本，其函数语法为 =TEXT(value, format_text)。参数 value（必选），表示要设置格式的数字，该参数可以是具体的

数值或引用单元格；参数 format_text（必选），是用双引号引起的文本字符串的数字格式。

18. 计算还款倒计时

📇 **使用说明**

在计算表格数据时，配合使用DATE 函数、MID 函数和 TODAY 函数，可计算还款倒计时。

📑 **解决方法**

如果要计算还款倒计时，具体操作方法如下。

第1步： 打开素材文件（位置：素材文件\第7章\个人借贷1.xlsx），选中要存放结果的单元格F3，输入函数"=DATE(MID(E3,1,4),MID(E3,6,2), MID(E3,9,2))-TODAY()&"（天）"""，按下【Enter】键，即可得到计算结果，如下图所示。

第2步： 利用填充功能向下复制函数，即可计算出其他人的还款倒计时，如下图所示。

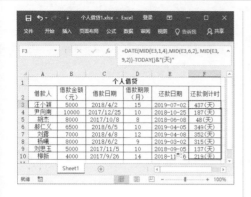

温馨提示

DATE 函数返回表示特定日期的连续序列号，其函数语法为 =DATE(year,month, day)。参数 year（必选），表示年的数字，该参数的值可以包含 1～4 位数字；month（必选），一个正整数或负整数，表示一年中从 1～12 月中的各月；day（必选），一个正整数或负整数，表示一月中从 1～31 日的各天。

✎ 读书笔记

第 8 章

数学函数的应用技巧

在办公过程中，数学函数也是比较常用的函数之一。使用数学函数，不仅可以进行一些常规的计算，如进行条件求和、乘幂运算等，还可以实现舍入与取整计算，如对数据进行四舍五入、计算除法的余数等。本章将详解介绍数学函数的使用方法，以及在办公中的实际应用。

下面，来看看以下一些数学函数中的常见问题，你是否会处理或已掌握。

✓ 人事工作需要掌握每一位员工的考核情况，你知道如何统计员工考核成绩的波动情况吗？

✓ 新年团拜会为了活跃气氛，需要随机抽取 10 个员工发放奖励，你知道使用什么函数来完成吗？

✓ 你知道使用什么函数可以轻松地计算出最大公约数和最小公倍数吗？

✓ 想要对数字进行四舍五入，你知道应该怎样操作吗？

✓ 对于需要现金结算的业务，提前准备好各类面值的现金，你知道如何根据数额计算出各种面额的钞票所需要的张数吗？

✓ 你知道怎样使用函数将数据上舍或下舍到特定的数额吗？

希望通过本章内容的学习，能帮助你解决以上问题，并学会 Excel 更多数学函数的应用技巧。

8.1 常规数学计算函数应用技巧

扫一扫，看视频

使用数学函数，可以进行一些常规的数学计算，如进行条件求和、随机抽取、乘幂运算等，下面将对其进行详细介绍。

1. 使用 SUMIF 函数进行条件求和

📋 使用说明

SUMIF 函数用于对满足条件的单元格进行求和运算。SUMIF 函数的语法结构为 =SUMIF(range,criteria,[sum_range])，各参数的含义介绍如下。

- range：要进行计算的单元格区域。
- criteria：单元格求和的条件，其形式可以为数字、表达式或文本等。
- sum_range：用于求和运算的实际单元格，若省略，将使用区域中的单元格。

🔍 解决方法

例如，使用 SUMIF 函数统计员工的销售总量，具体操作方法如下。

第 1 步： 打开素材文件（位置：素材文件 \ 第 8 章 \ 海尔洗衣机销售统计 .xlsx），选中要存放结果的单元格 C9，输入函数"=SUMIF(A3:A8," 杨雪 ",C3:C8)"，按下【Enter】键，即可得到计算结果，如下图所示。

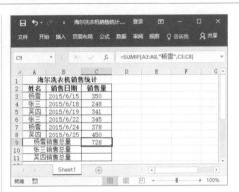

第 2 步： 参照上述方法，对其他销售人员的销售总量进行计算，如下图所示。

2. 使用 SUMIFS 函数对一组给定条件指定的单元格求和

📋 使用说明

如果需要对区域中满足多个条件的单元格求和，可通过 SUMIFS 函数实现。

SUMIFS 函数的语法结构为 =SUMIFS(sum_range,criteria_range1,criteria1,[criteria_range2,criteria2],...)，各参数的含义介绍如下。

- sum_range（必选）：要进行求和的一个或多个单元格，包括数字或包含数字的名称、区域或单元格引用，忽略空白和文本值。

- criteria_range1（必选）：要为特定条件计算的单元格区域。

- criteria1（必选）：是数字、表达式或文本形式的条件，定义了单元格求和的范围，也可以用来定义将对 criteria_range1 参数中的哪些单元格求和。例如，条件可以表示为135、"<135"、"135"、"电视机"或 C14。

- criteria_range2,criteria2（可选）：附加的区域及其关联条件，最多允许 127 个区域 / 条件对。

解决方法

例如，在"厨房小家电销售情况 .xlsx"中，分别计算美的的电烤箱销售额总量、美的（除电烤箱）的销售额总量，具体操作方法如下。

第 1 步： 打开素材文件（位置：素材文件 \ 第 8 章 \ 厨房小家电销售情况 .xlsx），选中要存放结果的单元格 F27，输入函数"=SUMIFS(F3:F26,B3:B26,"电烤箱",C3:C26,"美的")，完成后按下【Enter】键，即可计算出美的的电烤箱销售额总量，如下图所示。

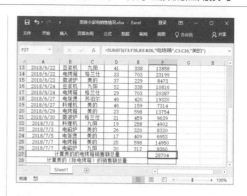

第 2 步： 选中要存放结果的单元格F28，输入函数"=SUMIFS(F3:F26,B3:B26, "<> 电烤箱 ", C3:C26, " 美的 ")"，按下【Enter】键，即可计算出美的（除电烤箱）的销售额总量，如下图所示。

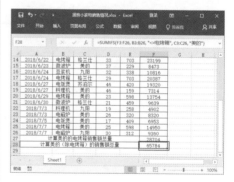

3. 使用 RAND 函数制作随机抽取表

使用说明

RAND 函数用于返回大于或等于 0 且小于 1 的平均分布随机实数，即每次计算工作表时都将返回一个新的随机实数。该函数不需要计算参数。

解决方法

例如，公司有 230 名员工，随机抽出 24 名员工参加技能考试，具体操作方法如下。

第 1 步： 打开素材文件（位置：素材文件 \ 第 8 章 \ 随机抽取 .xlsx），选择放置 24 个编号的单元格区域，将数字格式设置为数值格式，并将小数位数设置为 0。

第 2 步： 保持单元格区域的选中状态，在编辑栏中输入"=1+RAND()*230"，如下图所示。

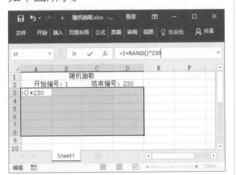

第 3 步： 按下【Ctrl+Enter】组合键确认，即可得到 1~230 之间的 24 个随机编号，如下图所示。

4. 使用 RANDBETWEEN 函数返回两个指定数之间的一个随机数

使用说明

RANDBETWEEN 函数用于返回任意两个数之间的一个随机数，每次计算工作表时都将返回一个新的随机实数。

RANDBETWEEN 函数的语法结构为 =RANDBETWEEN(bottom,top)，各参数的含义介绍如下。

- bottom（必选）：是 RANDBETWEEN 函数能返回的最小整数。
- top（必选）：是 RANDBETWEEN 函数能返回的最大整数。

解决方法

例如，公司有 850 名员工，需要随机抽出编号在 150~680 之间的 36 名员工参加培训，具体操作方法如下。

第 1 步： 打开素材文件（位置：素材文件 \ 第 8 章 \ 随机抽取 1.xlsx），选择放置 36 个编号的单元格区域，输入函数"=RANDBETWEEN(150,680)"，如下图所示。

第 2 步：按下【Ctrl+Enter】组合键确认，即可得到 150~680 之间的 36 个随机编号，如下图所示。

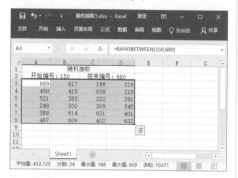

5. 使用 POWER 函数计算数据

📑 **使用说明**

　　POWER 函数用于返回某个数字的乘幂。POWER 函数的语法结构为 =POWER(number,power)。其中 number 为底数，可以为任意实数；power 为指数，底数按该指数次幂乘方。

📋 **解决方法**

　　例如，使用 POWER 函数进行乘幂计算，具体操作方法如下。

　　打开素材文件（位置：素材文件\第 8 章\乘幂运算 .xlsx），选中要存放结果的单元格 C3，输入函数"=POWER(A3,B3)"，按下【Enter】键，即可得到计算结果，然后利用填充功能向下复制函数即可，如下图所示。

6. 使用 SIGN 函数获取数值的符号

📑 **使用说明**

　　SIGN 函数用于返回数字的正负号。当数字为正数时，返回 1；当数字为 0 时，返回 0；当数字为负数时，返回 -1。SIGN 函数的语法结构为 =SIGN(number)，参数 number 为任意实数。

📋 **解决方法**

　　如果要使用 SIGN 函数获取数值的符号，具体方法如下。

第 1 步：打开素材文件（位置：素材文件\第 8 章\检查销售销量是否达标 .xlsx），选中要存放结果的单元格 E4，输入函数"=SIGN(D4)"，按下【Enter】键，即可得到计算结果，如下图所示。

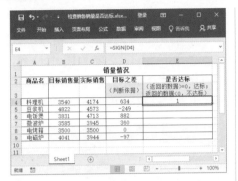

第2步：利用填充功能向下复制函数，即可对其他数据进行计算，如下图所示。

7. 使用 ABS 函数计算数字的绝对值

使用说明

使用 ABS 函数可以返回给定数字的绝对值，即不带符号的数值。ABS 函数的语法结构为 =ABS(number)，其中参数 number 为需要计算其绝对值的实数。

解决方法

例如，要使用 ABS 函数计算销量差值，具体操作方法如下。

第1步：打开素材文件（位置：素材文件\第8章\月销量对比情况.xlsx），

选中要存放结果的单元格 D3，输入函数"=ABS(B3-C3)"，按下【Enter】键，即可得到计算结果，如下图所示。

第2步：利用填充功能向下复制函数，即可对其他数据进行计算，如下图所示。

8. 统计员工考核成绩波动情况

使用说明

从事人事工作的办公人员有时需要掌握员工的考核成绩。如果希望统计员工考核成绩的波动情况，可通过 ABS 函数和 IF 函数实现。

解决方法

如果要统计员工考核成绩的波动情况，具体操作方法如下。

第 1 步： 打开素材文件（位置：素材文件 \ 第 8 章 \ 统计员工考核成绩波动情况 .xlsx），选中要存放结果的单元格 D3，输入函数"=IF(C3>B3,"进步","退步")&ABS(C3-B3)&"分""，按下【Enter】键，即可得到计算结果，如下图所示。

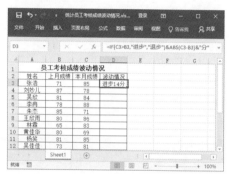

第 2 步： 利用填充功能向下复制函数，即可对其他数据进行计算，如下图所示。

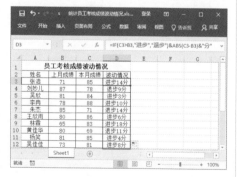

9. 使用 SUMPRODUCT 函数计算对应的数组元素的乘积和

使用说明

如果需要在给定的几组数组中，将数组间对应的元素相乘，并返回乘积和，可通过 SUMPRODUCT 函数实现。

SUMPRODUCT 函数的语法结构为 =SUMPRODUCT(array1,[array2],[array3],...)，其中参数 array1、array2、array3 等为其相应元素需要进行相乘并求和的数组参数。

解决方法

例如，在"员工信息 .xlsx"中，统计公关部女员工的人数，具体操作方法如下。

打开素材文件（位置：素材文件 \ 第 8 章 \ 员工信息 .xlsx），选中要存放结果的单元格 C18，输入函数"=SUMPRODUCT((B3:B17=" 女 ")*1,(C3:C17=" 公关部 ")*1)"，按下【Enter】键，即可得到计算结果，如下图所示。

10. 使用 AGGREGATE 函数返回列表或数据库中的聚合数据

使用说明

使用 AGGREGATE 函数可以返回列表或数据库中的聚合数据。AGGREGATE 函数的语法结构为 =AGGREGATE(function_num, options, ref1, [ref2],...)，各参数

的含义介绍如下。

- function_num（必选）：一个介于 1~19 之间的数字，指定要使用的函数。关于该参数的取值情况如下图所示。

function_num取值	对应函数	function_num取值	对应函数
1	AVERAGE	11	VAR.P
2	COUNT	12	MEDIAN
3	COUNTA	13	MODE.SNGL
4	MAX	14	LARGE
5	MIN	15	SMALL
6	PRODUCT	16	PERCENTILE.INC
7	STDEV.S	17	QUARTILE.INC
8	STDEV.P	18	PERCENTILE.EXC
9	SUM	19	QUARTILE.EXC
10	VAR.S		

- options（必选）：一个数值，决定在函数的计算区域内要忽略哪些值。关于该参数的取值情况如下图所示。

Options取值	作用
0 或省略	忽略嵌套 SUBTOTAL 和 AGGREGATE 函数
1	忽略隐藏行、嵌套 SUBTOTAL 和 AGGREGATE 函数
2	忽略错误值、嵌套 SUBTOTAL 和 AGGREGATE 函数
3	忽略隐藏行、错误值、嵌套 SUBTOTAL 和 AGGREGATE 函数
4	忽略空值
5	忽略隐藏行
6	忽略错误值
7	忽略隐藏行和错误值

- ref1（必选）：函数的第一个数值参数，要为其计算聚合值的多个数值参数。
- ref2（可选）：要为其计算聚合值的 2~253 个数值参数。

解决方法

例如，在"商品促销情况 .xlsx"中，计算折扣总金额，具体操作方法如下。

第 1 步：打开素材文件（位置：素材文件 \ 第 8 章 \ 商品促销情况 .xlsx），选中要存放结果的单元格 E3，输入函数"=AGGREGATE(6,7,B3:D3)"，按下

【Enter】键，即可得到计算结果，如下图所示。

第 2 步：利用填充功能向下复制函数，即可对其他数据进行计算，如下图所示。

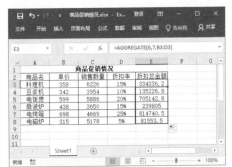

11. 统计考核成绩排在第 1 位的员工姓名

使用说明

在制作工资表、考核成绩表等类型的表格时，结合 INDEX 函数、MATCH 函数和 AGGREGATE 函数的使用，可以计算出某项排在第 1 位的员工，如计算实发工资排在第 1 位的员工姓名、考核成绩排在第 1 位的员工姓名等。

解决方法

例如，在"员工考核成绩表 .xlsx"中统计考核成绩排在第 1 位的员工姓名，具体操作方法如下。

打开素材文件（位置：素材文件 \ 第 8 章 \ 员工考核成绩表 .xlsx），选中要存放结果的单元格 C18，输入函数 "=INDEX(A3:A17,MATCH(AGGREGATE(14,7,C3:C17,1),C3:C17,0))"，按下【Enter】键，即可得到计算结果，如下图所示。

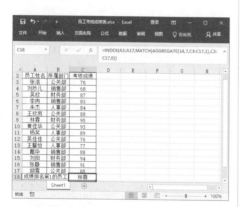

💡 温馨提示

本例中涉及 INDEX 函数和 MATCH 函数，关于这两个函数的使用方法将在 9.2 节中进行讲解。

12. 使用 SUBTOTAL 函数返回列表或数据库中的分类汇总

使用说明

如果需要返回一个数据列表或数据库中的分类汇总，可通过 SUBTOTAL 函数实现。

SUBTOTAL 函数的语法结构为 =SUBTOTAL(function_num, ref1,[ref2],...])，各参数的含义介绍如下。

- function_num（必选）：1~11（包含隐藏值）或 101~111（忽略隐藏值）之间的数字，用于指定使用何种函数在列表中进行分类汇总计算。关于该参数的取值情况如下图所示。

function_num（包含隐藏值）	function_num（忽略隐藏值）	函数
1	101	AVERAGE
2	102	COUNT
3	103	COUNTA
4	104	MAX
5	105	MIN
6	106	PRODUCT
7	107	STDEV
8	108	STDEV.P
9	109	SUM
10	110	VAR
11	111	VARP

- ref1（必选）：要对其进行分类汇总计算的第一个命名区域或引用。
- ref2（可选）：要对其进行分类汇总计算的第 2~254 个命名区域或引用。

解决方法

例如，在"产品加工耗时 .xlsx"中，使用 SUBTOTAL 函数计算产品加工的总耗时，具体操作方法如下。

第 1 步：打开素材文件（位置：素材文件 \ 第 8 章 \ 产品加工耗时 .xlsx），选中要存放结果的单元格 B9，输入函数 "=SUBTOTAL(109,B4:B7)"，按下【Enter】键，即可得到计算结果，然

随手查 Excel 办公应用技巧速查（视频教学版）

后将数字格式设置为时间格式，如下图所示。

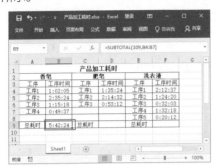

第 2 步： 参照上述方法，分别在 D9、F9 单元格中输入函数并得出计算结果，如下图所示。

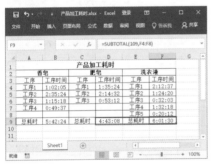

13. 使用 SQRT 函数返回正平方根

使用说明

使用 SQRT 函数可以返回数字的正平方根。SQRT 函数的语法结构为 =SQRT(number)，其中参数 number 为要计算平方根的数。

解决方法

例如，要制作一个正方体的商品展示架，已知占地面积为 576cm^2，现在需要计算货架边长，具体操作方法

如下。

打开素材文件（位置：素材文件\第 8 章\商品展示架 .xlsx），选中要存放结果的单元格 B2，输入函数"=SQRT(B1)"，按下【Enter】键，即可得到计算结果，如下图所示。

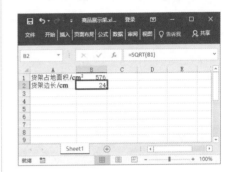

14. 使用 ROMAN 函数将阿拉伯数字转换成文本式罗马数字

使用说明

使用 ROMAN 函数可以将阿拉伯数字转换成文本式罗马数字。ROMAN 函数的语法结构为 =ROMAN(number, [form])，其中，参数 number 表示需要转换的阿拉伯数字，form 指定所需的罗马数字类型。参数 form 的取值介绍如下。

• 若取值为 0 或忽略，则转换类型为经典。例如，将 499 转换为经典类型后，显示为 CDXCIX。

• 若取值为 1，则转换类型为更简洁。例如，将 499 转换后，显示为 LDVLIV。

• 若取值为 2，则转换类型为更简洁

（即比 1 还简洁）。例如，将 499
转换后，显示为 XDIX。

- 若取值为 3，则转换类型为更简洁
（即比 2 还简洁）。例如，将 499
转换后，显示为 VDIV。

- 若取值为 4，则转换类型为简化。
例如，将 499 转换后，显示
为 ID。

解决方法

　　例如，要将数字转换成罗马数
字，转换类型为 2，具体操作方法
如下。

第 1 步：打开素材文件（位置：素材
文件 \ 第 8 章 \ 将数字转换为罗马数
字格式 .xlsx），选中要存放结果的单
元格 B2，输入函数"=ROMAN(A2,2)"，
按下【Enter】键，即可实现转换，如
下图所示。

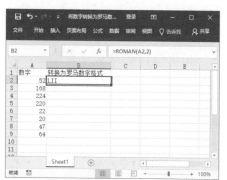

第 2 步：利用填充功能向下复制函
数，即可对其他数字进行转换，如
下图所示。

15. 使用罗马数字输入当前员工编号

使用说明

　　某些公司习惯使用罗马数字作为员
工编号，若手动输入，会显得非常烦琐，
而且还易出错。为了提高输入，可以结
合 ROMAN 函数和 ROW 函数进行输入。

解决方法

　　如果要使用函数输入员工编号，
具体操作方法如下。

第 1 步：打开素材文件（位置：素材
文件 \ 第 8 章 \ 员工信息 1.xlsx），选
中要存放结果的单元格 A3，输入函数
"=ROMAN(ROW()-2,3)"，按下【Enter】
键，即可输入当前员工的员工编号，
如下图所示。

第2步： 利用填充功能向下复制函数，即可输入其他员工的员工编号，如下图所示。

第8章 \ 计算最大公约数 .xlsx），选中要存放结果的单元格 B6，输入函数"=GCD(B1:B5)"，按下【Enter】键，即可得出计算结果，如下图所示。

> **温馨提示**
>
> ROW 函数用于返回引用的行号，语法结构为 =ROW([reference])。参数 reference（可选）是需要得到其行号的单元格或单元格区域。在本例中，公式"ROW()"表示返回当前行的行号值。

> **温馨提示**
>
> 使用 GCD 函数时，需要注意：若任一参数为非数值型，则 GCD 函数将返回错误值 #VALUE!；若任一参数小于 0，则 GCD 函数返回错误值 #NUM!；任何数都能被 1 整除；若 GCD 函数的参数 $>=2^{53}$，则 GCD 函数返回错误值 #NUM!。

16. 使用 GCD 函数计算最大公约数

使用说明

使用 GCD 函数可以计算两个或两个以上正数的最大公约数。GCD 函数的语法结构为 =GCD(number1,number2,...)，参数 number1, number2,... 是介于 1~255 之间的值。如果参数的任意值不是整数，则截尾取整。

解决方法

如果要使用 GCD 函数计算最大公约数，具体操作方法如下。

打开素材文件（位置：素材文件 \

17. 使用 LCM 函数计算最小公倍数

使用说明

使用 LCM 函数可以返回整数的最小公倍数。LCM 函数的语法结构为 =LCM(number1, [number2],...)，参数 number1,number2,... 是介于 1~255 之间的值。如果参数的任意值不是整数，则截尾取整。

解决方法

如果要使用 LCM 函数计算最小公倍数，具体操作方法如下。

打开素材文件（位置：素材文件\第8章\计算最小公倍数.xlsx），选中要存放结果的单元格 B6，输入函数"=LCM(B1:B5)"，按下【Enter】键，即可得出计算结果，如下图所示。

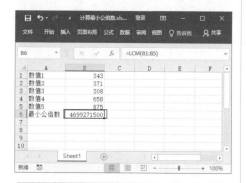

18. 使用 FACT 函数返回数字的阶乘

使用说明

使用 FACT 函数，可以返回某个数字的阶乘。一个数字的阶乘小于及等于该数的正整数的积，例如，3 的阶乘为 3×2×1。FACT 函数的语法结构为 =FACT(number)，参数 number（必选）为要计算其阶乘的非负数。如果 number 不是整数，则截尾取整。

解决方法

如果使用 FACT 函数计算数字的阶乘，具体操作方法如下。

打开素材文件（位置：素材文件\第8章\计算阶乘.xlsx），选中要存放结果的单元格 B2，输入函数"=FACT(A2)"，按下【Enter】键即可得出计算结果，利用填充功能向下复制函数，即可计算出其他数字的阶乘，如下图所示。

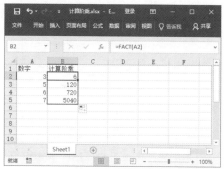

19. 使用 COMBIN 函数返回给定数目对象的组合数

使用说明

使用 COMBIN 函数，可以计算从给定数目的对象集合中提取若干对象的组合数。COMBIN 函数的语法结构为 =COMBIN(number, number_chosen)，其中参数 number（必选）为项目的数量，参数 number_chosen（必选）为每一个组合中项目的数量。

解决方法

例如，在"联谊比赛时间表.xlsx"中，计算各项比赛项目的预计完成时间，具体操作方法如下。

第 1 步： 打开素材文件（位置：素材文件 \ 第 8 章 \ 联谊比赛时间表 .xlsx），选中要存放结果的单元格 B7，输入函数 "=COMBIN(B3,B4)*B5/B6/60"，按下【Enter】键，即可得出计算结果，如下图所示。

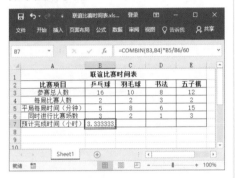

温馨提示

本例中，先使用 COMBIN 函数计算出比赛项目队需要进行的总比赛场数，然后乘以单局时间，再除以同时进行的比赛场次，得出的结果为预计的总时间，单位为分钟，如果需要转换为小时，必须除以 60。

第 2 步： 利用填充功能向右复制函数，即可计算出其他比赛项目的预计完成时间，如下图所示。

20. 随机抽取员工姓名

使用说明

许多公司年底会有一个抽奖活动，如果希望通过 Excel 随机抽取员工姓名，且男女各一名，可结合 RANDBETWEEN、INDEX、SMALL、IF、ROW 和 COUNTIF 函数实现。

温馨提示

本例中涉及 INDEX 函数、SMALL 函数、COUNTIF 函数，关于这几个函数的使用方法将在第 9 章进行讲解。

解决方法

例如，要随机抽取一位男员工和一位女员工以赠予奖品，具体操作方法如下。

第 1 步： 打开素材文件（位置：素材文件 \ 第 8 章 \ 随机抽取员工姓名 .xlsx），选中要存放结果的单元格 B12，输入函数 "=INDEX(A:A, SMALL(IF($B$2:$B$11=" 男 ", ROW($2:$11),4^8),RANDBETWEEN (1,COUNTIF($B$2:$B$11," 男 "))))"，按下【Ctrl+Shift+Enter】组合键，将随机抽取一名男员工，如下图所示。

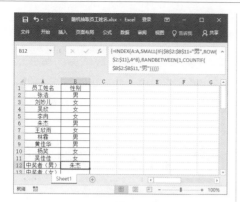

第 2 步： 选中要存放结果的单元格 B13，输入函数"=INDEX(A:A,SMA-LL(IF($B$2:$B$11=" 女 ",ROW($2:$11),4^8),RANDBETWEEN(1,COUN-TIF($B$2:$B$11," 女 "))))"，按下【Ctrl+Shift+Enter】组合键，将随机抽取一名女员工，如下图所示。

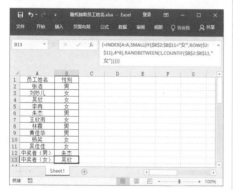

技能拓展

　　使用随机函数计算数据时，为了防止表格中的数据自动重算，建议将计算方式设置为【手动】，方法为切换到【公式】选项卡，在【计算】组中单击【计算选项】按钮，在弹出的下拉列表中选择【手动】选项即可。

8.2　舍入与取整函数的应用

扫一扫，看视频

　　使用舍入与取整类的数学函数，可以对数字进行舍入或取整操作，如四舍五入、计算除法的整数部分、向下舍入到最接近的整数等，下面分别对其进行讲解。

1. 使用 ROUND 函数对数据进行四舍五入

使用说明

　　ROUND 函数可按指定的位数对数值进行四舍五入。ROUND 函数的语法结构为 =ROUND(number,num_digits)，各参数含义介绍如下。

- number：要进行四舍五入的数值。
- num_digits：执行四舍五入时采用的位数。若该参数为负数，则圆整到小数点的左边；若该参数为正数，则圆整到最接近的整数。

解决方法

　　例如，对数据进行四舍五入，并只保留两位数，具体操作方法如下。

第 1 步： 打开素材文件（位置：素材文件 \ 第 8 章 \ 四舍五入 .xlsx），选中要存放结果的单元格 B2，输入函数"=ROUND(A2,2)"，按下【Enter】键，即可得到计算结果，如下图所示。

第 2 步： 利用填充功能向下复制函数，即可对其他数据进行计算，如下图所示。

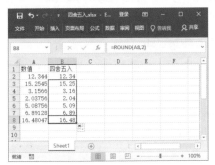

2. 使用 QUOTIENT 函数计算除法的整数部分

使用说明

如果需要返回除法运算的结果（商）的整数部分，并舍去余数，可通过 QUOTIENT 函数实现。QUOTIENT 函数的语法结构为 =QUO-TIENT(numerator,denominator)，其中参数 numerator 为被除数，参数 denominator 为除数。

解决方法

例如，要计算在预算内能够购买的商品数量，具体操作方法如下。

第 1 步： 打开素材文件（位置：素材文件 \ 第 8 章 \ 办公设备采购预算 .xlsx），选中要存放结果的单元格 D3，输入函数 "=QUOTIENT(B3,C3)"，按下【Enter】键，即可得到计算结果，如下图所示。

第 2 步： 利用填充功能向下复制函数，即可对其他数据进行计算，如下图所示。

3. 使用 MOD 函数计算除法的余数

使用说明

如果需要返回两数相除的余数，可通过 MOD 函数实现。MOD 函数的语法结构为 =MOD(number,divisor)，其中参数 number 为被除数，参数 divisor 为除数。

解决方法

例如，计算预算费用购买办公设备后的所剩余额，具体操作方法如下。

第 1 步： 打开素材文件（位置：素材文件 \ 第 8 章 \ 办公设备采购预算 1.xlsx），选中要存放结果的单元格 E3，输入函数"=MOD(B3,C3)"，按下【Enter】键，即可得到计算结果，如下图所示。

第 2 步： 利用填充功能向下复制函数，即可对其他数据进行计算，如下图所示。

4.使用 INT 函数将数字向下舍入到最接近的整数

使用说明

使用 INT 函数可以将数字向下舍

入到最接近的整数。INT 函数的语法结构为 =INT(number)，其中，参数 number 是需要进行向下舍入取整的实数。

解决方法

例如，使用 INT 函数对产品的销售额进行取整，具体操作方法如下。

第 1 步： 打开素材文件（位置：素材文件 \ 第 8 章 \ 厨房小家电销售情况 1.xlsx），选中要存放结果的单元格 D3，输入"=INT(C3)"，按下【Enter】键，即可得到计算结果，如下图所示。

第 2 步： 利用填充功能向下复制函数，即可对其他数据进行计算，如下图所示。

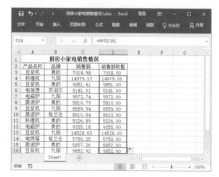

5. 根据工资数额统计各种面额需要的张数

使用说明

如果公司结算工资时采用现金支付方式，则对于做财务工作的用户来说，就需要根据工资数额，提前准备好各种面额的钞票及零钱，这时就需要结合 MOD 函数和 INT 函数实现。

解决方法

例如，要计算出各种面额的钞票需要的张数，具体操作方法如下。

第 1 步： 打开素材文件（位置：素材文件 \ 第 8 章 \ 发放工资 .xlsx），选中要存放结果的单元格 C3，输入函数"=INT(B3/$C$2)"，按下【Enter】键，即可得到计算结果，如下图所示。

第 2 步： 利用填充功能向下复制函数，即可对其他数据进行计算，如下图所示。

第 3 步： 选中 D3 单元格，输入函数"=INT(MOD(B3,$C$2)/$D$2)"，按下【Enter】键得出计算结果，然后利用填充功能向下复制函数即可，如下图所示。

第 4 步： 选中 E3 单元格，输入函数"=INT(MOD(B3,$D$2)/$E$2)"，按下【Enter】键得出计算结果，然后利用填充功能向下复制函数即可，如下图所示。

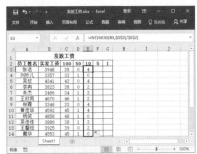

第 5 步： 选中 F3 单元格，输入函数 "=INT(MOD(B3,$E$2)/$F$2)"，按下【Enter】键得出计算结果，然后利用填充功能向下复制函数即可，如下图所示。

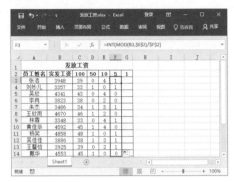

第 6 步： 选中 G3 单元格，输入函数 "=INT(MOD(B3,$F$2)/$G$2)"，按下【Enter】键得出计算结果，然后利用填充功能向下复制函数即可，如下图所示。

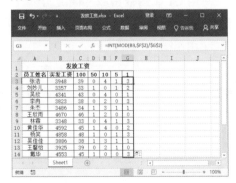

6. 使用 MROUND 函数返回一个舍入到所需倍数的数字

使用说明

使用 MROUND 函数可以返回一个舍入到所需倍数的数字。MROUND 函数的语法结构为 =MROUND(number,multiple)，各参数的含义介绍如下。

- number（必选）：要舍入的值。
- multiple（必选）：要将数值舍入到的倍数。

如果数值 number 除以基数的余数大于或等于基数的一半，则 MROUND 函数向远离 0 的方向舍入。

解决方法

如果要使用 MROUND 函数计算数据，具体操作方法如下。

第 1 步： 打开素材文件（位置：素材文件\第 8 章\返回一个舍入到所需倍数的数字.xlsx），选中要存放结果的单元格 C2，输入函数 "=MROUND(A2,B2)"，按下【Enter】键，即可得到计算结果，如下图所示。

第 2 步： 利用填充功能向下复制函数，即可对其他数据进行计算，如下图所示。

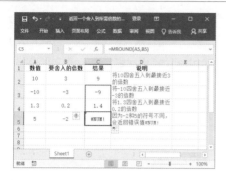

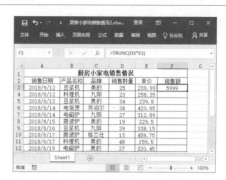

7. 使用 TRUNC 函数返回数字的整数部分

使用说明

如果需要将数字的小数部分截去，返回整数，或者保留指定位数的小数，可通过 TRUNC 函数实现。TRUNC 函数的语法结构为 =TRUNC(number,[num_digits])，各参数的含义介绍如下。

- number（必选）：要截尾取整的数字。
- num_digits（可选）：用于指定截尾精度的数字。如果忽略，则为 0。

解决方法

例如，在"厨房小家电销售情况 2.xlsx"中，计算出产品销售额，要求不保留小数，具体操作方法如下。

第 1 步： 打开素材文件（位置：素材文件\第 8 章\厨房小家电销售情况 2.xlsx），选中要存放结果的单元格 F3，输入函数"=TRUNC(D3*E3)"，按下【Enter】键，即可得到计算结果，如下图所示。

第 2 步： 利用填充功能向下复制函数，即可对其他数据进行计算，如下图所示。

8. 使用 ODD 函数将数字向上舍入为最接近的奇数

使用说明

使用 ODD 函数，可以将数字向上舍入为最接近的奇数。ODD 函数的语法结构为 =ODD(number)，其中参数 number 为要舍入的值。例如，数字 3.2，通过 ODD 函数计算后将返回奇数 5。

解决方法

如果要使用 ODD 函数将数字向上舍入为最接近的奇数，具体操作方法如下。

第 1 步：打开素材文件（位置：素材文件 \ 第 8 章 \ 将数字向上舍入为最接近的奇数 .xlsx），选中要存放结果的单元格 B2，输入函数"=ODD(A2)"，按下【Enter】键，即可得到计算结果，如下图所示。

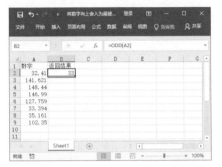

第 2 步：利用填充功能向下复制函数，即可对其他数据进行计算，如下图所示。

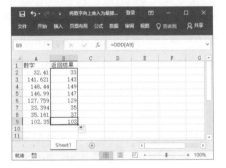

9. 使用 EVEN 函数将数字向上舍入到最接近的偶数

使用说明

如果需要返回某个数字沿绝对值增大方向取整后最接近的偶数，可以通过 EVEN 函数实现。

EVEN 函数的语法结构为 =EVEN(number)，其中参数 number 为要舍入的值。例如，数字 3.2，通过 EVEN 函数计算后将返回偶数 4。

解决方法

例如，在"计算房间人数 .xlsx"中，参加人数和房间人数不一致，为了合理分配房间，需要把参加人数向上舍入为最接近偶数的房间人数，以此来决定房间分配，具体操作方法如下。

第 1 步：打开素材文件（位置：素材文件 \ 第 8 章 \ 计算房间人数 .xlsx），选中要存放结果的单元格 E2，输入函数"=EVEN(D2)"，按下【Enter】键，即可得到计算结果，如下图所示。

第 2 步：利用填充功能向下复制函数，即可对其他数据进行计算，如下图所示。

10. 使用 CEILING 函数按条件向上舍入

使用说明

如果需要将数值向上舍入（沿绝对值增大的方向）为最接近数值的倍数，可以通过 CEILING 函数实现。CEILING 函数的语法结构为 =CEILING(number,significance)，其中参数 number 为要舍入的值，参数 significance 为要舍入到的倍数。

解决方法

例如，在"通话明细 .xlsx"中，计算通话费用，具体操作方法如下。

第 1 步： 打开素材文件（位置：素材文件\第 8 章\通话明细 .xlsx），选中要存放结果的单元格 E3，输入函数"=CEILING(CEILING(C3/7,1)*D3,0.1)"，按下【Enter】键，即可得到计算结果，如下图所示。

温馨提示

计算通话费用时，一般以7秒为单位，不足 7 秒也按 7 秒计算。

第 2 步： 利用填充功能向下复制函数，

即可计算出其他通话的通话费用，如下图所示。

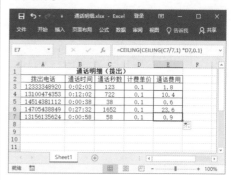

11. 使用 ROUNDUP 函数向绝对值增大的方向舍入数字

使用说明

如果希望将数字朝着远离 0 的方向将数字进行向上舍入，可通过 ROUNDUP 函数实现。ROUNDUP 函数的语法结构为 =ROUNDUP(number, num_digits)，各参数的含义介绍如下。

- number（必选）：需要向上舍入的任意实数。
- num_digits（必选）：要将数字舍入到的位数。如果 num_digits 大于 0，则将数字向上舍入到指定的小数位数；如果 num_digits 为 0，则将数字向上舍入到最接近的整数。如果 num_digits 小于 0，则将数字向上舍入到小数点左边的相应位数。

解决方法

如果要使用 ROUNDUP 函数向绝对值增大的方向舍入数字，具体操作方法如下。

第 1 步： 打开素材文件（位置：素材文件 \ 第 8 章 \ 向绝对值增大的方向舍入数字 .xlsx），选中要存放结果的单元格 C2，输入函数 "=ROUNDUP(A2,B2)"，按下【Enter】键，即可得到计算结果，如下图所示。

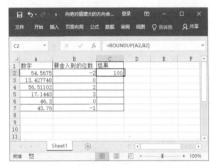

第 2 步： 利用填充功能向下复制函数，即可对其他数据进行计算，如下图所示。

12. 使用 ROUNDDOWN 函数向绝对值减小的方向舍入数字

使用说明

如果希望将数字朝着 0 的方向将数字进行向下舍入，可通过 ROUNDDOWN 函数实现。ROUNDDOWN 函数的语法结构为 =ROUNDDOWN(number,num_digits)，各参数的含义介绍如下。

- number（必选）：需要向下舍入的任意实数。
- num_digits（必选）：要将数字舍入到的位数。如果 num_digits 大于 0，则将数字向下舍入到指定的小数位数；如果 num_digits 为 0，则将数字向下舍入到最接近的整数；如果 num_digits 小于 0，则将数字向下舍入到小数点左边的相应位数。

解决方法

如果要使用 ROUNDDOWN 函数向绝对值减小的方向舍入数字，具体操作方法如下。

第 1 步： 打开素材文件（位置：素材文件 \ 第 8 章 \ 向绝对值减小的方向舍入数字 .xlsx），选中要存放结果的单元格 C2，输入函数 "=ROUNDDOWN(A2,B2)"，按下【Enter】键，即可得到计算结果，如下图所示。

第 2 步： 利用填充功能向下复制函数，即可对其他数据进行计算，如下图所示。

13. 使用 FLOOR 函数向绝对值减小的方向舍入数字

使用说明

如果希望将数字向下舍入（沿绝对值减小的方向）为最接近的指定基数的倍数，可通过 FLOOR 函数实现。FLOOR 函数的语法结构为 =FLOOR(number,significance)，各参数的含义介绍如下。

· number（必选）：要舍入的数值。
· significance（必选），要舍入到最接近的指定基数的倍数。

解决方法

例如，假设公司规定，每超过 3500 元提成 260 元，剩余金额若小于 3500 元时则忽略不计，现在要计算员工的销售提成，具体操作方法如下。

第 1 步： 打开素材文件（位置：素材文件 \ 第 8 章 \ 员工销售提成结算 .xlsx），选中要存放结果的单元格 E3，输入函数 "=FLOOR(D3,3500)/3500*260"，按下【Enter】键，即可得到计算结果，

如下图所示。

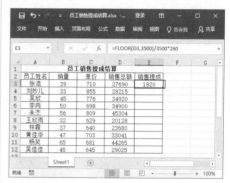

温馨提示

如果 number 为正数，则数值向下舍入，并朝 0 的方向调整；如果 number 为负数，则数值沿绝对值减小的方向向下舍入；如果 number 正好是 significance 的倍数，则不进行舍入。

第 2 步： 利用填充功能向下复制函数，即可对其他数据进行计算，如下图所示。

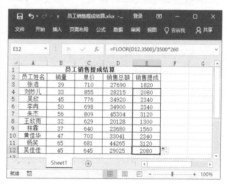

14. 使用 FLOOR.MATH 函数将数据向下取舍求值

使用说明

如果希望将数字向下舍入为最

接近的整数或最接近的指定基数的倍数，可通过 FLOOR.MATH 函数实现。FLOOR.MATH 函数的语法结构为 =FLOOR.MATH(number, significance, mode)，各参数的含义介绍如下。

- number（必选）：要向下舍入的数字。
- significance（可选）：要舍入到最接近的指定基数的倍数。如果忽略该参数，则其默认值为 1。
- mode（可选）：舍入负数的方向（接近或远离 0）。

解决方法

　　如果要使用 FLOOR.MATH 函数计算数据，具体操作方法如下。

第 1 步： 打开素材文件（位置：素材文件 \ 第 8 章 \FLOOR.MATH 函数 .xlsx），选中要存放结果的单元格 D2，输入函数"=FLOOR.MATH(A2,B2,C2)"，按下【Enter】键，即可得到计算结果，如下图所示。

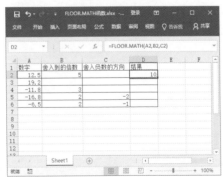

第 2 步： 利用填充功能向下复制函数，

即可对其他数据进行计算，如下图所示。

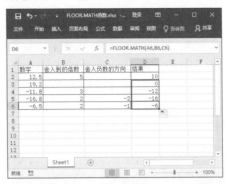

温馨提示

　　Excel 2007 中没有 FLOOR.MATH 函数，Excel 2010 中的 FLOOR.PRECISE 函数与 FLOOR.MATH 函数的功能相同，FLOOR.PRECISE 函数的语法结构为 FLOOR.PRECISE (number, [significance])。其中，参数 number（必选）表示要进行舍入计算的值；参数 significance（可选）表示要将数字舍入到最接近的指定基数的倍数，如果忽略该参数，则其默认值为 1。

15. 使用 CEILING.MATH 函数将数据向上取舍求值

使用说明

　　如果希望将数字向上舍入为最接近的整数或最接近的指定基数的倍数，可通过 CEILING.MATH 函数实现。CEILING.MATH 函数的语法结构为 =CEILING.MATH(number, significance,mode)，其参数含义与 FLOOR.MATH 函数的参数含义相同。

📖 解决方法

如果要使用 CEILING.MATH 函数计算数据，具体操作方法如下。

第 1 步：打开素材文件（位置：素材文件\第 8 章\CEILING.MATH 函数 .xlsx），选中要存放结果的单元格 D2，输入函数"=CEILING.MATH(A2,B2,C2)"，按下【Enter】键，即可得到计算结果，如下图所示。

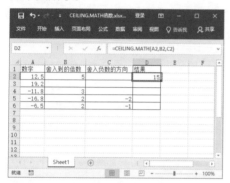

第 2 步：利用填充功能向下复制函数，即可对其他数据进行计算，如下图所示。

💡 温馨提示

Excel 2007 中 没 有 CEILING.MATH 函数，Excel 2010 中 的 CEILING.PRECISE 函 数 与 CEILING.MATH 函数的功能相同，CEILING.MATH 函数的语法结构为 =CEILING.PRECISE (number,[significance])，其参数含义与 FLOOR.PRECISE 函数的参数含义相同。

第 9 章

统计函数与查找函数的应用技巧

在信息化时代的今天，人们越来越习惯将数据信息存放于数据库中，若能灵活运用 Excel 中的统计函数，则可以非常方便地对存储在数据库中的数据进行分类统计和查找。本章将介绍关于统计函数与查找函数的相关技巧，让你在管理数据时更加方便。

下面，来看看以下统计与查找函数中的常见问题，你是否会处理或已掌握。

✓ 已知员工的考核成绩，想要知道平均成绩，应该使用哪一个函数？

✓ 在登记表中，想要统计一共有多少个登记名称，使用什么函数比较方便？

✓ 在员工档案中，想要找到符合多个条件的数据，应该使用哪一个函数？

✓ 在投票统计结果中，想要找到出现次数最多的值，可以使用哪一个函数？

✓ 在对新员工进行考核时，怎样从考核成绩表中，挑选出录用和淘汰的人选？

✓ 月底发放工资时，怎样使用函数制作工资条？

希望通过本章内容的学习，能帮助你解决以上问题，并学会 Excel 统计函数与查找函数的应用技巧。

9.1 统计函数的应用技巧

扫一扫，看视频

在工作中，经常需要统计数字、字母、姓名个数等，此时，可使用统计函数来完成。本节将介绍统计函数的应用技巧。

1. 使用 AVERAGE 函数计算平均值

使用说明

AVERAGE 函数用于计算列表中所有非空白单元格（即有数值的单元格）的平均值。AVERAGE 函数的语法结构为 =AVERAGE(value1,value2,...)，其中，Value1,value2,... 为需要计算平均值的 1~30 个数值、单元格或单元格区域。

解决方法

例如，使用 AVERAGE 函数计算有效总成绩的平均分，具体操作方法如下。

打开素材文件（位置：素材文件\第 9 章\新进员工考核表 .xlsx），选中要存放结果的单元格 F15，输入函数 "=AVERAGE(F4:F14)"，按下【Enter】键，即可得到计算结果，如下图所示。

2. 使用 AVERAGEIF 函数计算指定条件的平均值

使用说明

如果需要计算满足给定条件的单元格的平均值，可通过 AVERAGEIF 函数实现。AVERAGEIF 函数的语法结构为 =AVERAGEIF (range, criteria, [average_range])，各参数的含义介绍如下。

- range（必选）：要计算平均值的一个或多个单元格，其中包括数字或包含数字的名称、数组或引用。
- criteria（必选）：数字、表达式、单元格引用或文本形式的条件，用于定义要对哪些单元格计算平均值。例如，条件可以表示为 25、"25"、">25"、" 空调 " 或 B1。
- average_range（可选）：要计算平均值的实际单元格集。如果忽略，则使用 range。

解决方法

例如，在"员工销售情况 .xlsx"中计算销售总额大于 30000 的平均销量，具体操作方法如下。

打开素材文件（位置：素材文件\第 9 章\新进员工考核表 .xlsx），选中要存放结果的单元格 C13，输入函数 "=AVERAGEIF(D3:D12, ">30000")"，按下【Enter】键，即可得到计算结果，如下图所示。

3. 使用 AVERAGEIFS 函数计算多条件平均值

使用说明

如果需要计算满足多重条件的单元格的平均值，可通过 AVERAGEIFS 函数实现。

AVERAGEIFS 函数的语法结构为 =AVERAGEIFS(average_range,criteria_range1,criteria1,[criteria_range2,criteria2],...)，各参数的含义介绍如下。

- average_range（必选）：要计算平均值的一个或多个单元格，其中包括数字或包含数字的名称、数组或引用。

- criteria_range1、criteria_range2…：criteria_range1 是必选的，随后的

criteria_range 是可选的。在其中计算关联条件的 1~127 个区域。

- criteria1、criteria2…：criteria1 是必选的，随后的 criteria2 是可选的。数字、表达式、单元格引用或文本形式的 1~127 个条件，用于定义将对哪些单元格求平均值。

解决方法

例如，在一些比赛中进行评分时，通常需要去掉一个最高分和一个最低分，然后再求平均值，此时便可通过 AVERAGEIFS 函数实现，具体操作方法如下。

第 1 步： 打开素材文件（位置：素材文件 \ 第 9 章 \ 比赛评分 .xlsx），选中要存放结果的单元格 I4，输入函数 "=AVERAGEIFS(B4:H4,B4:H4,">"&MIN(B4:H4),B4:H4,"<"&MAX(B4:H4))"，按下【Enter】键，即可得到计算结果，如下图所示。

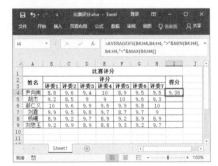

第 2 步： 利用填充功能向下复制函数，即可计算出其他人员的得分，如下图所示。

💡 温馨提示

使用 AVERAGEIFS 函数进行计算时，若 average_range 为空值或文本值，则会返回 #DIV0! 错误值；若 average_range 中的单元格无法转换为数字，则会返回 #DIV0! 错误值；若没有满足所有条件的单元格，AVERAGEIFS 函数会返回 #DIV/0! 错误值；若条件区域中的单元格为空，则 AVERAGEIFS 函数将其视为 0 值；仅当 average_range 中的每个单元格满足为其指定的所有相应条件时，才对这些单元格进行平均值计算；区域中包含 TRUE 的单元格计算为 1，包含 FALSE 的单元格计算为 0。

4. 使用 TRIMMEAN 函数返回一组数据的修剪平均值

📖 使用说明

TRIMMEAN 函数用于返回数据集的内部平均值，计算排除数据集顶部和底部尾数中数据点的百分比后取得的平均值。

TRIMMEAN 函数的语法结构为 =TRIMMEAN(array,percent)，各参数的含义介绍如下。

- array（必选）：需要进行整理并求平均值的数组或数值区域。
- percent（必选）：用于指定数据点集合中所要消除的极值比例。例如，在 20 个数据点的集合中，如果 percent=0.2，就要除去 4 个数据点（20×0.2），即顶部除去 2 个，底部除去 2 个。

📋 解决方法

例如，在"比赛评分 .xlsx"中使用 TRIMMEAN 函数计算得分，具体操作方法如下。

第 1 步： 打开素材文件（位置：素材文件 \ 第 9 章 \ 比赛评分 .xlsx），选中要存放结果的单元格 I4，输入函数"=TRIMMEAN(B4:H4,0.3)"，按下【Enter】键，即可得到计算结果，如下图所示。

技能拓展

在本例中输入函数时，还可以输入为 =TRIMMEAN(B4:H4,2/7)，表示在 7 个数据中去除两个极值再求平均值。

第 2 步: 利用填充功能向下复制函数,即可计算出其他人员的得分,如下图所示。

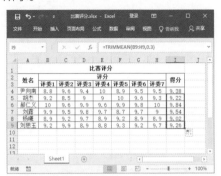

5. 使用 COUNTA 函数统计非空单元格

使用说明

COUNTA 函数可以对单元格区域中非空单元格的单元格个数进行统计。COUNTA 函数的语法结构为 =COUNTA(value1,value2,...),其中,value1,value2... 表示参加计数的 1~255 个参数,代表要进行计数的值和单元格,值可以是任意类型的信息。

解决方法

例如,要统计今日访客数量,具体操作方法如下。

打开素材文件(位置:素材文件\第 9 章\访客登记表 .xlsx),选中要存放结果的单元格 B16,输入函数 "=COUNTA(B4:B15)",按下【Enter】键,即可得到计算结果,如下图所示。

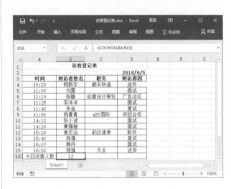

6. 使用 COUNTIF 函数进行条件统计

使用说明

COUNTIF 函数用于统计某区域中满足给定条件的单元格数目。COUNTIF 函数的语法结构为 =COUNTIF(range,criteria)。range 表示要统计单元格数目的区域;criteria 表示给定的条件,其形式可以是数字、文本等。

解决方法

例如,使用 COUNTIF 函数统计工龄大于等于 5 年的员工人数,以及人力资源部门的员工人数,具体操作方法如下。

第 1 步: 打开素材文件(位置:素材文件\第 9 章\员工信息登记表 .xlsx),选中要存放结果的单元格 D19,输入函数 "=COUNTIF(H3:H17,">=5")",按下【Enter】键,即可得到计算结果,如下图所示。

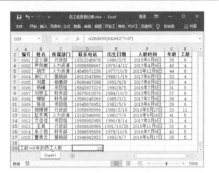

第 2 步：选中要存放结果的单元格 D20，输入函数"=COUNTIF(C3:C17," 人力资源")"，按下【Enter】键，即可得到计算结果，如下图所示。

7. 使用 COUNTBLANK 函数统计空白单元格

使用说明

　　COUNTBLANK 函数用于统计某个区域中空白单元格的个数。COUNTBLANK 函数的语法结构为 =COUNTBLANK(range)，其中 range 为需要计算空白单元格数目的区域。

解决方法

　　例如，使用 COUNTBLANK 函数计算无总分成绩人数，具体操作方法如下。

　　打开素材文件（位置：素材文件 \ 第 9 章 \ 新进员工考核表 1.xlsx），选中要存放结果的单元格 C16，输入函数 "=COUNTBLANK(F4:F14)"，按下【Enter】键，即可得到计算结果，如下图所示。

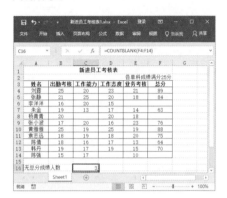

8. 使用 COUNTIFS 函数进行多条件统计

使用说明

　　如果要将条件应用于跨多个区域的单元格，并计算符合所有条件的单元格数目，可通过 COUNTIFS 函数实现。COUNTIFS 函数的语法结构为 =COUNTIFS(criteria_range1, criteria1, [criteria_range2, criteria2] …)，各参数含义介绍如下。

- criteria_range1（必选）：在其中计算关联条件的第一个区域。
- criteria1（必选）：表示要进行判断的第 1 个条件，条件的形式为数字、表达式、单元格引用或文本，可用来定义将对哪些单元格进行计数。

- criteria_range2, criteria2,…（可选）：附加的区域及其关联条件，最多允许 127 个区域 / 条件对。

📖 **解决方法**

例如，使用 COUNTIFS 函数计算部门在人力资源部，且工龄在 3 年（含 3 年）以上的员工人数，具体操作方法如下。

打开素材文件（位置：素材文件 \ 第 9 章 \ 员工信息登记表 1.xlsx），选中要存放结果的单元格 D19，输入函数"=COUNTIFS(C3:C17," 人力资源 ",H3:H17,">=3")"，按下【Enter】键，即可得到计算结果，如下图所示。

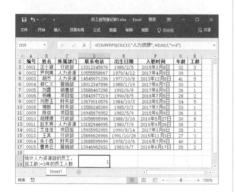

9. 使用 FREQUENCY 函数分段统计员工培训成绩

📖 **使用说明**

如果需要计算数值在某个区域内的出现频率，然后返回一个垂直数组，可通过 FREQUENCY 函数实现。FREQUENCY 函数的语法结构

为 =FREQUENCY(data_array, bins_array)，各参数的含义介绍如下。

- data_array（必选）：表示计算频率的一个值数组或对一组数值的引用。如果 data_array 中不包含任何数值，则 FREQUENCY 函数返回一个 0 数组。
- bins_array（必选）：对 data_array 中的数值进行分组的一个区间数组或对区间的引用。如果 bins_array 中不包含任何数值，则 FREQUENCY 函数返回 data_array 中的元素个数。

📖 **解决方法**

例如，要统计各段成绩的人数，具体操作方法如下。

打开素材文件（位置：素材文件 \ 第 9 章 \ 新进员工考核表 2.xlsx），选中单元格区域 D3:D7，输入函数"=FREQUENCY(B3:B14,C3:C6)"，按下【Ctrl+Shift+Enter】组合键，即可计算出各段成绩的人数，如下图所示。

10. 使用 MODE.SNGL 函数返回在数据集内出现次数最多的值

使用说明

MODE.SNGL 函数用于返回在某一数组或数据区域中出现频率最多的数值，即众数。MODE.SNGL 函数的语法结构为 =MODE.SNGL (number1,number2,...)，number1,number2,... 是用于众数计算的 1~255 个参数。

解决方法

例如，要使用 MODE.SNGL 函数计算得票最多的候选人，具体操作方法如下。

打开素材文件（位置：素材文件\第 9 章\投票情况 .xlsx），选中要存放结果的单元格 C17，输入函数"=MODE.SNGL(B2:B16)"，按下【Enter】键，即可得到计算结果，如下图所示。

11. 使用 MODE.MULT 函数返回阵列中频率最高的垂直数组

使用说明

MODE.MULT 函数用于返回一组数据或数据区域中出现频率最高或重复出现的数值的垂直数组，即返回出现同样次数的众数数组，输入时以数组公式的形式输入。

MODE.MULT 函数的语法结构为 =MODE.MULT(number1,number2,...)，number1,number2,... 是用于众数计算的 1~255 个参数。

温馨提示

对于水平数组，请使用 TRANSPOSE (MODE.MULT(number1,number2,...)) 语法。

解决方法

例如，使用 MODE.MULT 函数计算出现最多的众数数组，具体操作方法如下。

打开素材文件（位置：素材文件\第 9 章\返回阵列中频率最高的垂直数组 .xlsx），选中单元格区域 B2:B6，输入函数"=MODE.MULT(A2:A14)"，按下【Ctrl+Shift+Enter】组合键，即可得出计算结果，如下图所示。

12. 使用 LARGE 函数返回第 *k* 个最大值

使用说明

　　使用 LARGE 函数可以返回数据集中第 *k* 个最大值。LARGE 函数的语法结构为 =LARGE(array,k)，各参数的含义介绍如下。

- array（必选）：需要确定第 *k* 个最大值的数组或数据单元格区域。
- k（必选）：返回值在数组或数据单元格区域中的位置（从大到小排）。

解决方法

　　例如，要使用 LARGE 函数返回排名第 3 的得分，具体操作方法如下。

　　打开素材文件（位置：素材文件 \ 第 9 章 \ 新进员工考核表 3.xlsx），选中要存放结果的单元格 B15，输入函数"=LARGE(B3:B14,3)"，按下【Enter】键，即可得到计算结果，如下图所示。

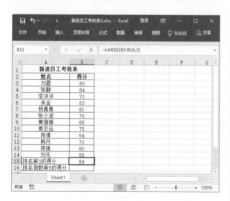

13. 使用 SMALL 函数返回第 *k* 个最小值

使用说明

　　SMALL 函 数 与 LARGE 函 数 的作用刚好相反，用于返回第 *k* 个最小值。SMALL 函数的语法结构为 =SMALL(array,k)，各参数的含义介绍如下。

- array（必选）：需要确定第 *k* 个最小值的数组或数据单元格区域。
- k（必选）：返回值在数组或数据单元格区域中的位置（从小到大排）。

解决方法

　　例如，要使用 SMALL 函数返回排名倒数第 5 的得分，具体操作方法如下。

　　打开素材文件（位置：素材文件 \ 第 9 章 \ 新进员工考核表 4.xlsx），选中要存放结果的单元格 B16，输入函数"=SMALL(B3:B14,3)"，按下【Enter】键，即可得到计算结果，如下图所示。

9.2　查找函数的应用技巧

　　在数据量非常大的工作表中，使用查找函数，可以非常方便地找到各种需要的数据信息，接下来就讲解

扫一扫，看视频

一些查找函数的使用方法和相关应用。

1. 使用 CHOOSE 函数基于索引号返回参数列表中的数值

使用说明

如果需要根据给定的索引号，从参数串中选出相应值或操作，可通过 CHOOSE 函数实现。CHOOSE 函数的语法结构为 =CHOOSE（index_num,value1,value2,...），各参数的含义介绍如下。

- index_num（必选）：用于指定所选定的值参数，index_num 必须是介于 1~254 之间的数字，或是包含 1~254 之间的数字的公式或单元格引用。如果 index_num 为 1，则 CHOOSE 函数返回 value1；如果为 2，则 CHOOSE 函数返回 value2，以此类推。

- value1,value2,...：Value1 是必需的，后续值是可选的，表示 1~254 个数值参数，CHOOSE 函数将根据 index_num 从中选择一个数值或一项要执行的操作。参数可以是数字、单元格引用、定义的名称、公式、函数或文本。

解决方法

例如，新进员工试用期结束，现在根据考核成绩判断是否录用，判断依据为总成绩大于等于 80 分的"录用"，反之则"淘汰"，具体操作方法如下。

第 1 步： 打开素材文件（位置：素材文件\第 9 章\新进员工考核表 5.xlsx），选中要存放结果的单元格 G4，输入函数"=CHOOSE(IF(F4>=80,1,2)," 录用 "," 淘汰 ")"，按下【Enter】键，即可得到计算结果，如下图所示。

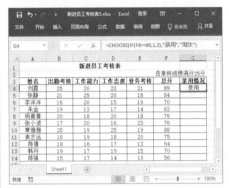

第 2 步： 利用填充功能向下复制函数，即可计算出其他人员的录用情况，如下图所示。

2. 使用 LOOKUP 函数以向量形式仅在单行单列中查找

使用说明

使用 LOOKUP 函数，可以在单行区域或单列区域（称其为向量）中查找值，然后返回第2个单行区域或单列区域中相同位置的值。LOOKUP 函数的语法结构为 =LOOKUP(lookup_value,lookup_vector,[result_vector])，各参数的含义介绍如下。

- lookup_value（必选）：函数在第1个向量中搜索的值。Lookup_value 可以是数字、文本、逻辑值、名称或对值的引用。
- lookup_vector（必选）：指定检查范围，只包含一行或一列的区域。lookup_vector 中的值可以是文本、数字或逻辑值。
- result_vector（可选）：指定函数返回值的单元格区域，只包含一行或一列的区域。result_vector 参数必须与 lookup_vector 大小相同。

解决方法

例如，要在"员工信息登记表2.xlsx"中根据姓名查找身份证号码，具体操作方法如下。

打开素材文件（位置：素材文件\第9章\员工信息登记表2.xlsx），选中要存放结果的单元格 B20，输入函数"=LOOKUP(A20,B3:B17,E3:E17)"，按下【Enter】键，即可得到计算结果，如下图所示。

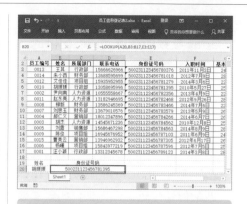

温馨提示

使用 LOOKUP 函数时，lookup_vector 中的值必须以升序排列，否则，LOOKUP 函数可能无法返回正确的值。例如在本操作中，就需要以【身份证号码】为关键字进行升序排列。

3. 使用 VLOOKUP 函数在区域或数组的列中查找数据

使用说明

VLOOKUP 函数用于搜索某个单元格区域的第1列，然后返回该区域相同行上任何单元格中的值。VLOOKUP 函数的语法结构为 =VLOOKUP(lookup_value,table_array,col_index_num,[range_lookup])，各参数的含义介绍如下。

- lookup_value（必选）：要查找的值，必须位于 table_array 指定的单元格区域的第1列中。
- table_array（必选）：指定查找范围，VLOOKUP 函数在 table_array 中搜索 lookup_value 和返回值的单元格区域。

- col_index_num（必选）：是 table_array 参数中待返回的匹配值的列号。该参数为 1 时，返回 table_array 参数中第 1 列中的值；该参数为 2 时，返回 table_array 参数中第 2 列中的值，以此类推。
- range_lookup（可选）：一个逻辑值，指定希望 VLOOKUP 函数查找精确匹配值还是近似匹配值，如果参数 range_lookup 为 TRUE 或被省略，则精确匹配；如果为 FALSE，则大致匹配。

解决方法

例如，要在"员工信息登记表 2.xlsx"中根据姓名查找身份证号码，具体操作方法如下。

打开素材文件（位置：素材文件 \ 第 9 章 \ 员工信息登记表 2.xlsx），选中要存放结果的单元格 B20，输入函数"=VLOOKUP(A20,B3:E17,4)"，按下【Enter】键，即可得到计算结果，如下图所示。

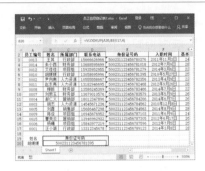

技能拓展

使用 VLOOKUP 函数时，col_index_num 中的值必须以升序排列，否则，VLOOKUP 函数可能无法返回正确的值。例如在本操作中，就需要以【身份证号码】为关键字进行升序排列。若没有对表格数据进行排序，在本操作中输入函数"=VLOOKUP(A20,B3:E17,4,0)"，也能返回正确值。

4. 使用 VLOOKUP 函数制作工资条

使用说明

使用 VLOOKUP 函数，还能制作工资条，下面就讲解其操作方法。

解决方法

例如，在"员工工资表 .xlsx"中制作工资条，具体操作方法如下。

第 1 步：打开素材文件（位置：素材文件 \ 第 9 章 \ 员工工资表 .xlsx），新建一张名为"工资条"的工作表，将"sheet1"工作表中的表头复制到"工资条"工作表中，并将标题修改为"工资条"，添加相应的边框线，在 A3 单元格输入第一个编号，如下图所示。

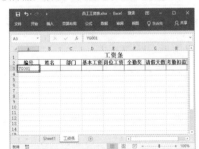

第 2 步：❶ 切换到"sheet1"工作表，选择工资表中的数据区域；❷ 单击【公

式】选项卡下【定义的名称】组中的【定义名称】按钮，如下图所示。

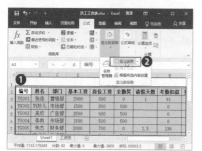

第 3 步： 弹出【新建名称】对话框，❶在【名称】文本框中输入名称"工资表"；❷单击【确定】按钮，如下图所示。

第 4 步： 切换到"工资条"工作表，选中 B3 单元格，输入函数"=VLOOKUP(A3, 工资表 ,2,0)"，按下【Enter】键，即可在 B3 单元格中显示"Sheet1"工作表中与 A3 单元格相匹配的第 2 列内容，即员工姓名，如下图所示。

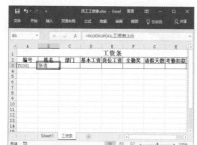

第 5 步： 在 C3 单元格中输入函数

"=VLOOKUP(A3, 工资表 ,3,0)"，按下【Enter】键，显示"Sheet1"工作表中第 3 列的内容，如下图所示。

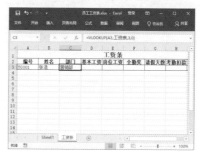

第 6 步： 参照上述操作方法，在其他单元格中输入相应的函数，得到相匹配的值，本例中因为"Sheet1"工作表中将数字的小数位数设置为 0，因此"工资条"工作表中也要进行相应设置，如下图所示。

第 7 步： 选择单元格区域 A1:I3，利用填充功能向下拖动，如下图所示。

第8步： 拖动到合适位置后释放鼠标，即可完成工资条的制作，如下图所示。

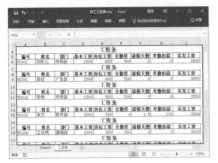

5. 使用 HLOOKUP 函数在区域或数组的行中查找数据

使用说明

如果要在表格的首行或数值数组中搜索值，然后返回表格或数组中指定行的所在列中的值，可通过 HLOOKUP 函数实现。HLOOKUP 函数的语法结构为 =HLOOKUP(lookup_value,table_array,row_index_num,[range_lookup])，各参数的含义介绍如下。

- lookup_value（必选）：要在表格的第 1 行中查找的值，该参数可以为数值、引用或文本字符串。
- table_array（必选）：在其中查找数据的信息表，使用对区域或区域名称的引用，该参数第 1 行的数值可以是文本、数字或逻辑值。如果 range_lookup 为 TRUE，则 table_array 中第 1 行的数值必须按升序排列，否则，HLOOKUP 函数可能无法返回正确的数值；如果 range_

lookup 为 FALSE，则 table_array 不必进行排序。

- row_index_num（必选）：table_array 中将返回的匹配值的行序号。该参数为 1 时，返回 table_array 参数中第 1 行的某数值；该参数为 2 时，返回 table_array 参数中第 2 行的数值，以此类推。
- range_lookup（可选）：逻辑值，指明函数查找时是精确匹配，还是近似匹配。如果为 TRUE 或省略，则返回近似匹配值；如果为 FALSE，则返回精确匹配值。

解决方法

例如，在"新进员工考核表 6.xlsx"中查找黄雅雅的业务考核成绩，具体操作方法如下。

打开素材文件（位置：素材文件 \ 第 9 章 \ 新进员工考核表 6.xlsx），选中要存放结果的单元格 B17，输入函数"=HLOOKUP(" 业务考核 "，A3:G14,8)"，按下【Enter】键，即可得到计算结果，如下图所示。

6. 使用 INDEX 函数在引用或数组中查找值

使用说明

　　如果要在给定的单元格区域中，返回指定的行与列交叉处的单元格的值或引用，可通过 INDEX 函数实现。INDEX 函数的语法结构为 =INDEX(array,row_num,[column_num])，各参数的含义介绍如下。

- array（必选）：单元格区域或数组常量。如果数组只包含一行或一列，则相对应的参数 row_num 或 column_num 为可选参数；如果数组有多行和多列，但只使用 row_num 或 column_num，则 INDEX 函数返回数组中的整行或整列，且返回值也为数组。
- row_num（必选）：选择数组中的某行，函数从该行返回数值。如果省略 row_num，则必须有 column_num。
- column_num（可选）：选择数组中的某列，函数从该列返回数值。如果省略 column_num，则必须有 row_num。

解决方法

　　例如，通过 INDEX 函数查找黄雅雅的业务考核成绩，具体操作方法如下。

　　打开素材文件（位置：素材文件\第 9 章\新进员工考核表 6.xlsx），选中

　　要存放结果的单元格 B20，输入函数 "=INDEX(A3:G14,8,5)"，按下【Enter】键，即可得到计算结果，如下图所示。

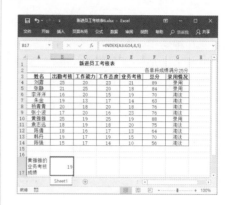

7. 使用 MATCH 函数在引用或数组中查找值

使用说明

　　MATCH 函数可在单元格范围中搜索指定项，然后返回该项在单元格区域中的相对位置。例如，在 A1：A4 单元格区域中分别包含值 30、24、58、39，在单元格中 A5 中输入函数 "=MATCH(58,A1:A4,0)"，会返回数字 3，因为值 58 是单元格区域中的第 3 项，效果如下图所示。

　　MATCH 函数的语法结构为 =MATCH(lookup_value,lookup_

随手查 Excel 办公应用技巧速查（视频教学版）

array,[match_type])，各参数的含义介绍如下。

- lookup_value（必选）：要在 lookup_array 中查找的值。
- lookup_array（必选）：要搜索的单元格区域。
- match_type（可选）：指定 Excel 如何将 lookup_value 与 lookup_array 中的值匹配，表达为数字 -1、0 或 1，默认值为 1。参数 match_type 取值与 MATCH 函数的返回值如下图所示。

match_type 参数	MATCH函数 返回值
1或省略	小于。查找小于或等于lookup_value的最大值。lookup_array必须以升序排序。
0	精确匹配。查找精确等于lookup_value的第1个值。lookup_array的顺序任意。
-1	大于。查找大于或等于lookup_value的最小值。lookup_array必须按降序排列。

解决方法

例如，要查找某位员工的身份证号码，具体操作方法如下。

打开素材文件（位置：素材文件\第9章\员工信息登记表2.xlsx），选中要存放结果的单元格 B20，输入函数"=INDEX(A2:G17,MATCH(A20,B2:B17,0),5)"，按下【Enter】键，即可得到计算结果，如下图所示。

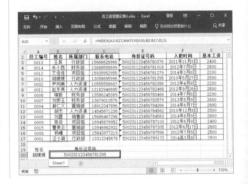

第 10 章

数据的排序与筛选应用技巧

完成表格的编辑后，还可通过 Excel 的排序、筛选功能对表格数据进行管理与分析。本章将针对这些功能，讲解一些数据排序和筛选中的实用技巧。

下面，来看看以下一些关于数据排序与筛选的常见问题，你是否会处理或已掌握。

- ✓ 想将工作表中的数据从高到低，或者从低到高排列，你知道如何操作吗？
- ✓ 默认的排序方式是按列排序，如果需要按行排序，你知道应该如何设置吗？
- ✓ 招聘员工时的面试名单，需要随机排序，应该如何操作？
- ✓ 表格制作完成后，如果想要将其中的一项数据筛选出来，你知道筛选的方法吗？
- ✓ 工作表中的特殊数据设置了单元格颜色，此时，你知道怎样通过颜色来筛选数据吗？
- ✓ 如果想要筛选的数据有多个条件，你知道怎样筛选吗？

希望通过本章内容的学习，能帮助你解决以上问题，并学会 Excel 数据的排序和筛选应用技巧。

10.1 如何对数据快速排序

扫一扫，看视频

在编辑工作表时，可通过排序功能对表格数据进行排序，从而方便查看和管理数据。

1. 按一个关键字快速排序表格数据

使用说明

使用一个关键字排序，是最简单、快速，也是最常用的一种排序方法。

使用一个关键字排序，是指依据某列的数据规则对表格数据进行升序或降序操作，按升序方式排序时，最小的数据将位于该列的最前端；按降序方式排序时，最大的数据将位于该列的最前端。

解决方法

例如，在"员工工资表.xlsx"中按照关键字【实发工资】进行降序排序，具体操作方法如下。

第1步： 打开素材文件（位置：素材文件\第10章\员工工资表.xlsx），❶选中【实发工资】列中的任意单元格；❷单击【数据】选项卡下【排序和筛选】组中的【降序】按钮，如下图所示。

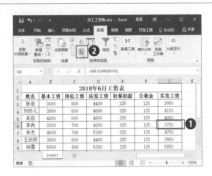

第2步： 此时，工作表中的数据将按照关键字【实发工资】进行降序排序，如下图所示。

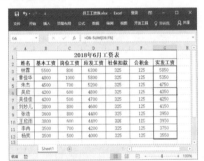

2. 按多个关键字排序表格数据

使用说明

按多个关键字进行排序，是指依据多列的数据规则对表格数据进行排序操作。

解决方法

例如，在"员工工资表.xlsx"中，以【基本工资】为主要关键字，【实发工资】为次要关键字，对表格数据进行排序，具体操作方法如下。

第1步： 打开素材文件（位置：素材文件\第10章\员工工资表.xlsx），

❶ 选中数据区域中的任意单元格；❷单击【数据】选项卡下【排序和筛选】组中的【排序】按钮，如下图所示。

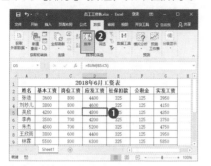

第2步： ❶ 弹出【排序】对话框，在【主要关键字】下拉列表中选择排序关键字，在【排序依据】下拉列表中选择排序依据，在【次序】下拉列表中选择排序方式；❷ 单击【添加条件】按钮，如下图所示。

第3步： ❶ 使用相同的方法设置次要关键字；❷ 完成后单击【确定】按钮，如下图所示。

第4步： 此时，工作表中的数据将按照关键字【基本工资】和【实发工资】进行升序排列，如下图所示。

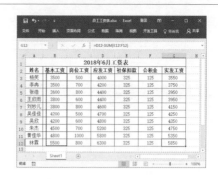

3. 让表格中的文本按字母顺序排序

使用说明

　　对表格进行排序时，可以让文本数据按照字母顺序进行排序，即按照拼音的首字母进行降序排序（Z 到 A 的字母顺序）或升序排序（A 到 Z 的字母顺序）。

解决方法

　　例如，将"员工工资表 .xlsx"中的数据按照关键字【姓名】进行升序排序，具体操作方法如下。

第1步： 打开素材文件（位置：素材文件 \ 第 10 章 \ 员工工资表 .xlsx），❶ 选中【姓名】列中的任意单元格；❷单击【数据】选项卡下【排序和筛选】组中的【升序】按钮 ，如下图所示。

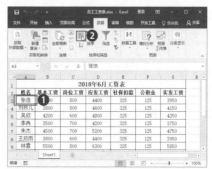

第2步: 此时,工作表中的数据将以【姓名】为关键字,并按字母顺序进行升序排序,如下图所示。

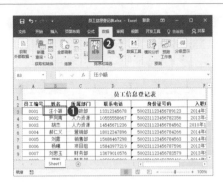

第2步: ❶弹出【排序】对话框,在【主要关键字】下拉列表中选择【姓名】选项,在【次序】下拉列表中选择【升序】选项;❷单击【选项】按钮,如下图所示。

4. 按笔画进行排序

使用说明

在编辑工资表、员工信息表之类的表格时,若要以员工姓名为依据进行排序,人们通常会按字母顺序进行排序。除此之外,我们还可以按照文本的笔画进行排序,下面就讲解操作方法。

解决方法

例如,在"员工信息登记表.xlsx"的工作表中,要以【姓名】为关键字,并按笔画进行排序,具体操作方法如下。

第1步: 打开素材文件（位置: 素材文件\第10章\员工信息登记表.xlsx）,❶选中数据区域中的任意单元格;❷单击【数据】选项卡下【排序和筛选】组中的【排序】按钮,如下图所示。

第3步: ❶弹出【排序选项】对话框,在【方法】栏中选中【笔划排序】单选按钮;❷单击【确定】按钮,如下图所示。

第4步: 返回【排序】对话框,单击【确定】按钮,在返回的工作表中即可查看排序后的效果,如下图所示。

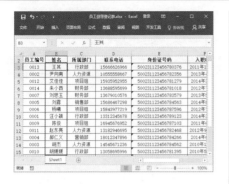

5. 按行进行排序

使用说明

默认情况下，对表格数据进行排序时，是按列进行排序的。但是当表格标题是以列的方式进行输入的，若按照默认的排序方向排序则可能无法实现预期的效果，此时就需要按行进行排序了。

解决方法

如果要将数据按行进行排序，具体操作方法如下。

第 1 步： 打开素材文件（位置：素材文件 \ 第 10 章 \ 海尔冰箱销售统计 .xlsx），选中要进行排序的单元格区域，本例中选择 B2:G5，打开【排序】对话框，单击【选项】按钮，如下图所示。

第 2 步： ❶ 弹出【排序选项】对话框，在【方向】栏中选中【按行排序】单

选按钮；❷ 单击【确定】按钮，如下图所示。

第 3 步： ❶ 返回【排序】对话框，设置主要关键字、排序依据及次序；❷ 单击【确定】按钮，如下图所示。

第 4 步： 返回工作表，即可查看排序后的效果，如下图所示。

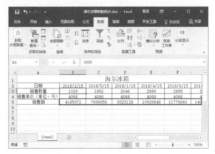

6. 按单元格背景颜色进行排序

使用说明

编辑表格时，若设置了单元格背景颜色，则可以按照设置的单元格背景颜色进行排序。

解决方法

例如，在"销售清单.xlsx"中，对【品名】列中的数据设置了多种单元格背景颜色，现在要以【品名】为关键字，按照单元格背景颜色进行排序，具体操作方法如下。

第 1 步： 打开素材文件（位置：素材文件 \ 第 10 章 \ 销售清单 .xlsx），❶ 选中数据区域中的任意单元格，打开【排序】对话框，在【主要关键字】下拉列表中选择排序关键字，本例中选择【品名】；❷ 在【排序依据】下拉列表中选择排序依据，本例中选择【单元格颜色】；❸ 在【次序】下拉列表中选择单元格颜色，在右侧的下拉列表中设置该颜色所处的单元格位置；❹ 单击【添加条件】按钮，如下图所示。

第 2 步： ❶ 通过单击【添加条件】按钮，添加并设置其他关键字的排序参数；❷ 设置完成后单击【确定】按钮，如下图所示。

第 3 步： 返回工作表，即可查看排序后的效果，如下图所示。

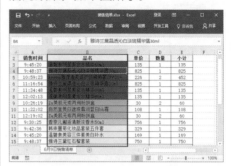

温馨提示

在实际应用中，也可以按照字体颜色来排序，方法与使用单元格背景颜色排序相似。

7. 通过自定义序列排序数据

使用说明

在对工作表数据进行排序时，如果希望按照指定的字段序列进行排序，则需要进行自定义序列排序。

解决方法

例如，要将"员工信息登记表.xlsx"的工作表数据按照自定义序列进行排序，具体操作方法如下。

第 1 步： 打开素材文件（位置：素材文件 \ 第 10 章 \ 员工信息登记表.xlsx），❶ 选中数据区域中的任意单元格，打开【排序】对话框，在【主要关键字】下拉列表中选择排序关键字；❷ 在【次序】下拉列表中选择【自定义序列】选项，如下图所示。

第2步： ❶ 弹出【自定义序列】对话框，在【输入序列】文本框中输入排序序列；❷ 单击【添加】按钮，将其添加到【自定义序列】列表框中；❸ 单击【确定】按钮，如下图所示。

第3步： 返回【排序】对话框，单击【确定】按钮，在返回的工作表中即可查看排序后的效果，如下图所示。

8. 对表格数据进行随机排序

使用说明

对工作表数据进行排序时，通常是按照一定的规则进行排序的，但在某些特殊情况下，还需要对数据进行随机排序。

解决方法

如果要对工作表数据进行随机排序，具体操作方法如下。

第1步： 打开素材文件（位置：素材文件 \ 第 10 章 \ 应聘职员面试顺序 .xlsx），❶ 在工作表中创建一列辅助列，并输入标题"排序"，在下方第 1 个单元格中输入函数"=RAND()"；❷ 按下【Enter】键计算结果，利用填充功能向下填充公式，如下图所示。

第2步： ❶ 选择辅助列中的数据；❷ 单击【数据】选项卡下【排序和筛选】组中的【升序】按钮 🔼 或【降序】按钮 🔽，如下图所示。

第 3 步： 返回工作表，删除辅助列，即可查看排序后的效果，如下图所示。

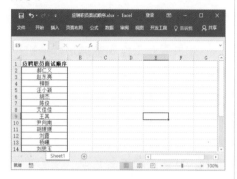

9. 对合并单元格相邻的数据区域进行排序

使用说明

在编辑工作表时，若对部分单元格进行了合并操作，则对相邻单元格进行排序时，会弹出提示框，导致排序失败。针对这种情况，我们就需要按照下面的操作方法进行排序。

解决方法

如果要对合并单元格相邻的数据区域进行排序，具体操作方法如下。

第 1 步： 打开素材文件（位置：素材文件 \ 第 10 章 \ 手机报价参考 .xlsx），❶ 选中要进行排序的单元格区域，本例选择 B3:C5，打开【排序】对话框。取消勾选【数据包含标题】复选框；❷ 设置排序参数；❸ 单击【确定】按钮，如下图所示。

第 2 步： 返回工作表，即可查看排序后的效果，如下图所示。

第 3 步： 参照上述方法，对 B6:C8 单元格区域进行排序，排序后的最终效果如下图所示。

10. 使用排序法制作工资条

使用说明

在 Excel 中，利用排序功能不仅能对工作表数据进行排序，还能制作一些特殊表格，如工资条等。

解决方法

如果要使用工作表制作成工资条效果，具体操作方法如下。

第 1 步： 打开素材文件（位置：素材文件 \ 第 10 章 \6 月工资表 .xlsx），❶ 选中工资表的标题行，进行复制操作；❷ 选中 A13:I21 单元格区域，进行粘贴操作，如下图所示。

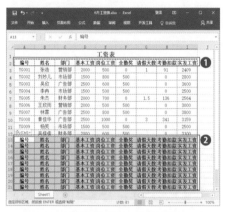

第 2 步： ❶ 在原始单元格区域右侧添加辅助列，并填充 1~10 的数字；❷ 在添加了重复标题区域右侧填充 1~9 的数字，如下图所示。

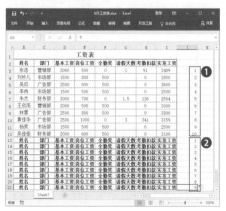

第 3 步： ❶ 在辅助列中选中任意单元格；❷ 单击【数据】选项卡下【排序和筛选】组中的【升序】按钮，如下图所示。

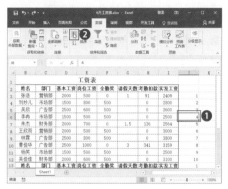

第 4 步： 删除辅助列的数据，完成后的效果如下图所示。

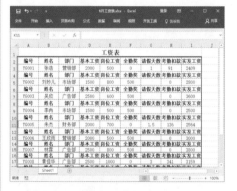

11. 分类汇总后按照汇总值进行排序

使用说明

对表格数据进行分类汇总后，有时会希望按照汇总值对表格数据进行排序，如果直接对其进行排序操作，会弹出提示框提示该操作会删除分类汇总并重新排序。如果希望在分类汇总后按照汇总值进行排序，就需要先进行分级显示，再进行排序。

📖 解决方法

如果要按照汇总值对表格数据进行升序排列，具体操作方法如下。

第 1 步： 打开素材文件（位置：素材文件 \ 第 10 章 \ 项目经费预算 .xlsx），在工作表左侧的分级显示栏中，单击二级显示按钮 ②，如下图所示。

第 2 步： ❶ 此时，表格数据将只显示汇总金额，选中【金额（万元）】列中的任意单元格；❷ 单击【数据】选项卡下【排序和筛选】组中的【升序】按钮 ↓，如下图所示。

第 3 步： 在工作表左侧的分级显示栏

中，单击三级显示按钮 ③，显示全部数据，此时可发现表格数据已经按照汇总值进行了升序排列，如下图所示。

10.2 数据筛选技巧

扫一扫，看视频

在管理工作表数据时，可以通过筛选功能将符合某个条件的数据显示出来，将不符合条件的数据隐藏起来，以便管理与查看数据。

1. 使用一个条件筛选

📋 使用说明

单条件筛选就是将符合某个条件的数据筛选出来。

📖 解决方法

如果要进行单条件筛选，具体操作方法如下。

第 1 步： 打开素材文件（位置：素材文件 \ 第 10 章 \ 销售业绩表 .xlsx），❶ 选中数据区域中的任意单元格；❷ 单击【数据】选项卡下【排序和筛选】

组中的【筛选】按钮，如下图所示。

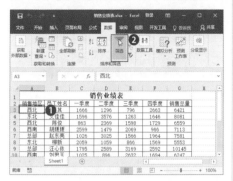

只显示了【销售地区】为【西南】的数据，且列标题【销售地区】右侧的下拉按钮将变为漏斗形状的按钮，表示【销售地区】为当前数据区域的筛选条件，如下图所示。

第 2 步： ❶ 打开筛选状态，单击【销售地区】列右侧的下拉按钮；❷ 在弹出的下拉列表中设置筛选条件，本例中勾选【西南】复选框；❸ 单击【确定】按钮，如下图所示。

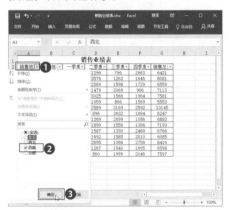

知识拓展

表格数据呈筛选状态时，单击【筛选】按钮可退出筛选状态。若在【排序和筛选】组中单击【清除】按钮，可快速清除当前设置的所有筛选条件，将所有数据显示出来，但不退出筛选状态。

第 3 步： 返回工作表，可看见表格中

2. 使用多个条件筛选

使用说明

多条件筛选是将符合多个指定条件的数据筛选出来，以便用户更好地分析数据。

解决方法

如果要进行多条件筛选，具体操作方法如下。

第 1 步： 打开素材文件（位置：素材文件 \ 第 10 章 \ 销售业绩表 .xlsx），❶ 打开筛选状态，单击【销售地区】列右侧的下拉按钮；❷ 在弹出的下拉列表中设置筛选条件，本例中勾选【西南】复选框；❸ 单击【确定】按钮，如下图所示。

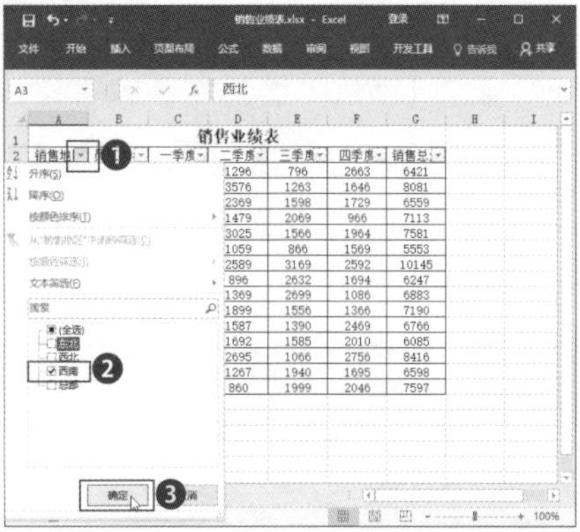

第 2 步： ❶ 返回工作表，单击【销售总量】列右侧的下拉按钮；❷ 在弹出的下拉列表中设置筛选条件，本例中选择【数字筛选】选项；❸ 在弹出的扩展菜单中选择【大于】选项，如下图所示。

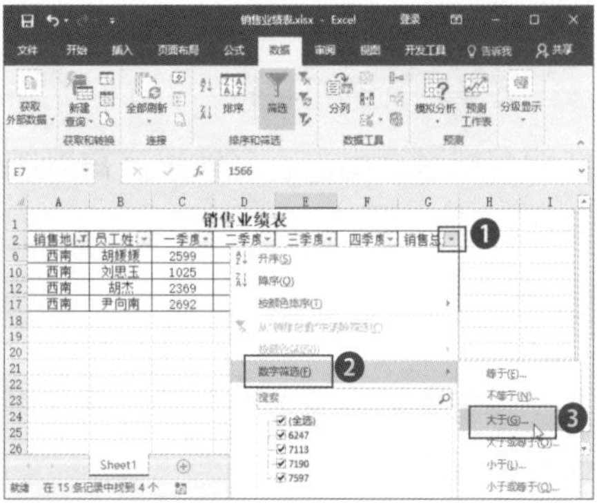

第 3 步： ❶ 弹出【自定义自动筛选方式】对话框，在文本框中输入 7000；❷ 单击【确定】按钮，如下图所示。

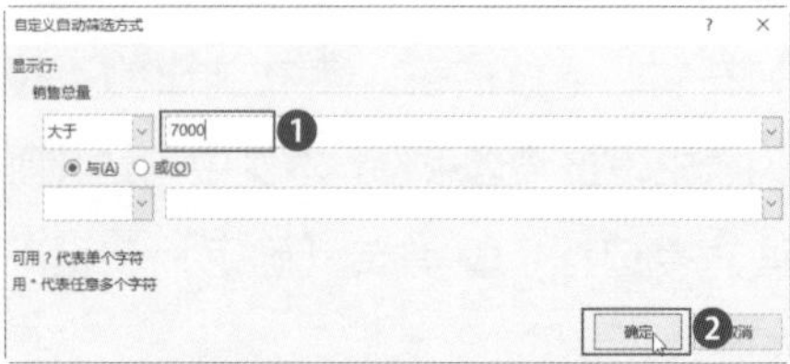

第 4 步： 返回工作表，可见其只显示了【销售地区】为【西南】，【销售总量】在 7000 以上的数据，如下图所示。

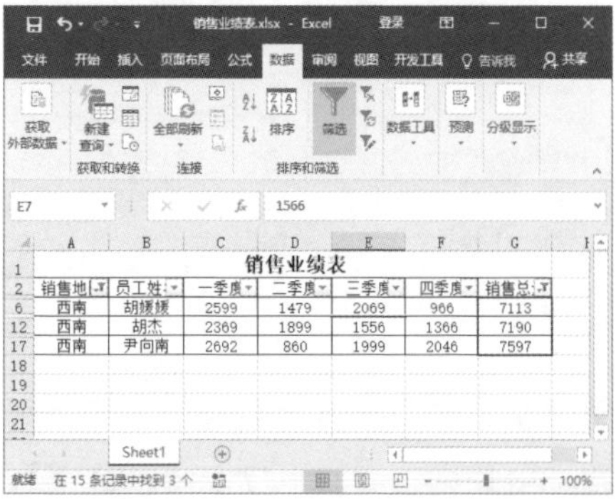

3. 筛选销售成绩靠前的数据

使用说明

在制作销售表、员工考核成绩表之类的工作表时，如果要从庞大的数据中查找排名前几位的记录不是件容易的事，此时我们可以利用筛选功能快速筛选。

解决方法

例如，在“销售业绩表 .xlsx”的工作表中，将【二季度】销售成绩排名前 5 位的数据筛选出来，具体操作方法如下。

第 1 步： 打开素材文件（位置：素材文件 \ 第 10 章 \ 销售业绩表 .xlsx），❶ 打开筛选状态，单击【二季度】右侧的下拉按钮；❷ 在弹出的下拉列表中选择【数字筛选】选项；❸ 在弹出的扩展菜单中选择【前 10 项】选项，如下图所示。

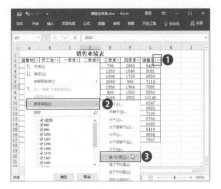

第 2 步: ❶ 弹出【自动筛选前 10 个】对话框,在中间的数值框中输入"5";❷ 单击【确定】按钮,如下图所示。

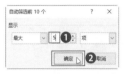

第 3 步: 返回工作表,可看见只显示了【二季度】销售成绩排名前 5 位的数据,如下图所示。

💡 **温馨提示**

　　对数字进行筛选时,选择【数字筛选】选项,在弹出的扩展菜单中选择某个选项,可筛选出相应的数据,如筛选出等于某个数字的数据、不等于某个数字的数据、大于某个数字的数据、介于某个范围之间的数据等。

4.快速按目标单元格的值或特征进行筛选

📖 **使用说明**

　　在制作销售表、员工考核成绩表之类的工作表时,如果要从庞大的数据中查找指定数据比较困难,此时我们可以利用目标单元格的值或特征进行快速筛选。

📋 **解决方法**

　　如果要按目标单元格的值进行筛选,具体操作方法如下。

第 1 步: 打开素材文件(位置:素材文件 \ 第 10 章 \ 销售业绩表 .xlsx),❶ 选中要作为筛选条件的单元格,右击;❷ 在弹出的快捷菜单中选择【筛选】命令;❸ 在弹出的扩展菜单中选择【按所选单元格的值筛选】命令,如下图所示。

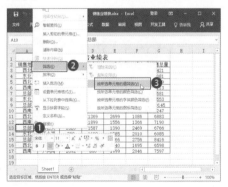

第 2 步: 返回工作表,即可查看筛选后的效果,如下图所示。

5. 使用筛选功能快速删除空白行

📖 使用说明

　　对于从外部导入的表格，有时可能会包含大量的空白行，整理数据时需将其删除，若按照常规的方法一个一个删除会非常烦琐，此时可以通过筛选功能先筛选出空白行，然后一次性将其删除。

📄 解决方法

　　如果要利用筛选功能快速删除所有空白行，具体操作方法如下。

第 1 步： 打开素材文件（位置：素材文件 \ 第 10 章 \ 数码产品销售清单 .xlsx），❶ 通过单击列标选中 A 列；❷ 单击【数据】选项卡下【排序和筛选】组中的【筛选】按钮，如下图所示。

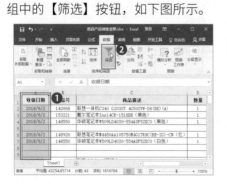

第 2 步： ❶ 打开筛选状态，单击 A 列中的自动筛选下拉按钮；❷ 取消勾选【全选】复选框，然后勾选【（空白）】复选框；❸ 单击【确定】按钮，如下图所示。

第 3 步： ❶ 系统将自动筛选出所有空白行，选中所有空白行；❷ 单击【开始】选项卡下【单元格】组中的【删除】按钮，如下图所示。

第 4 步： 单击【数据】选项卡下【排序和筛选】组中的【筛选】按钮取消筛选状态，即可看到所有空白行已经被删除，如下图所示。

6. 在自动筛选时让日期不按年月日分组

使用说明

默认情况下，对日期数据进行筛选时，日期是按年月日进行分组显示的。如果希望按日对日期数据进行筛选，则要设置让日期不按年月日分组。

解决方法

如果要按日对日期数据进行筛选，具体操作方法如下。

第1步： 打开素材文件（位置：素材文件\第 10 章\数码产品销售清单1.xlsx），❶打开【Excel 选项】对话框；在【高级】选项卡的【此工作簿的显示选项】栏中取消勾选【使用"自动筛选"菜单分组日期】复选框；❷单击【确定】按钮，如下图所示。

第2步： ❶返回工作表，打开筛选状态，单击【收银日期】列右侧的下拉按钮，在弹出的下拉列表中，可看见日期按日显示了，此时可根据需要设置筛选条件；❷单击【确定】按钮，如下图所示。

第3步： 返回工作表即可查看筛选效果，如下图所示。

7. 对日期按星期进行筛选

使用说明

对日期数据进行筛选时，不仅可以按天数进行筛选，还可以按星期进行筛选。

解决方法

例如，在"考勤表 .xlsx"中，为了方便后期评定员工的绩效，现在需要将周六、周日的日期筛选出来，并设置黄色填充颜色，具体操作方法如下。

第 1 步： 打开素材文件（位置：素材文件 \ 第 10 章 \ 考勤表 .xlsx），❶ 选中 B2:B23 单元格区域，打开【设置单元格格式】对话框，在【数字】选项卡的【分类】列表框中选择【日期】选项；❷ 在【类型】列表框中选择【星期三】选项；❸ 单击【确定】按钮，如下图所示。

第 2 步： ❶ 返回工作表，打开筛选状态，单击【上班时间】列右侧的下拉按钮；❷

在弹出的下拉列表中选择【日期筛选】选项；❸ 在弹出的扩展菜单中选择【等于】选项，如下图所示。

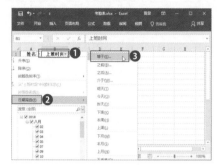

第 3 步： ❶ 弹出【自定义自动筛选方式】对话框，将第一个筛选条件设置为【等于】，值为【星期六】；❷ 选中【或】单选按钮；❸ 将第二个筛选条件设置为【等于】，值为【星期日】；❹ 单击【确定】按钮，如下图所示。

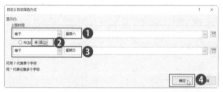

第 4 步： 返回工作表，选中筛选出来的记录，将填充颜色设置为【黄色】，如下图所示。

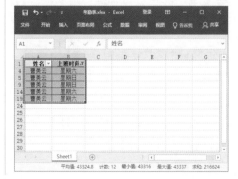

第 5 步： 退出筛选状态，然后选中 B2:B23 单元格区域，将数字格式设置为日期格式，如下图所示。

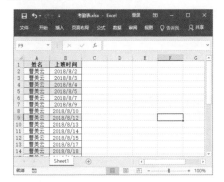

8. 按文本条件进行筛选

使用说明

对文本进行筛选时，可以筛选出等于某个指定文本的数据、以指定内容开头或结尾的数据等，灵活掌握这些筛选方式，可以轻松自如地管理表格数据。

解决方法

例如，在"员工信息登记表 .xlsx"中，以【开头是】方式筛选出"胡"姓员工的数据，具体操作方法如下。

第 1 步： 打开素材文件（位置：素材文件 \ 第 10 章 \ 员工信息登记表 .xlsx），❶ 打开筛选状态，单击【姓名】右侧的下拉按钮；❷ 在弹出的下拉列表中选择【文本筛选】选项；❸ 在弹出的扩展菜单中选择【开头是】选项，如下图所示。

第 2 步： ❶ 弹出【自定义自动筛选方式】对话框，在【开头是】右侧的文本框中输入"胡"；❷ 单击【确定】按钮，如下图所示。

第 3 步： 返回工作表，可看见表格中只显示了"胡"姓员工的数据，如下图所示。

9. 在文本筛选中使用通配符进行模糊筛选

使用说明

筛选数据时，如果不能明确指定

筛选的条件，可以使用通配符进行模糊筛选。常见的通配符有"？"和"*"，其中"？"代表单个字符，"*"代表任意多个连续的字符。

解决方法

如果要使用通配符进行模糊筛选，具体操作方法如下。

第1步： 打开素材文件（位置：素材文件\第10章\销售清单.xlsx），❶选中数据区域中的任意单元格，打开筛选状态，单击【品名】列右侧的下拉按钮；❷在弹出的下拉列表中选择【文本筛选】选项；❸在打开的扩展菜单中选择【自定义筛选】选项，如下图所示。

第2步： ❶弹出【自定义自动筛选方式】对话框，设置筛选条件，本例中在第1个下拉列表中选择【等于】选项，在右侧文本框中输入"雅*"；❷单击【确定】按钮即可，如下图所示。

第3步： 返回工作表，即可查看筛选效果，如下图所示。

10.使用搜索功能进行筛选

使用说明

当工作表中的数据非常庞大时，可以通过搜索功能简化筛选过程，从而提高工作效率。

解决方法

例如，在"数码产品销售清单1.xlsx"的工作表中，通过搜索功能快速将【商品描述】为【联想一体机C340G2030T4G50GVW-D8(BK)(A)】的数据筛选出来，具体操作方法如下。

第1步： 打开素材文件（位置：素材文件\第10章\数码产品销售清单1.xlsx），打开筛选状态，单击【商品描述】列右侧的下拉按钮，弹出下拉列表，在列表框中可看见众多条件选项，如下图所示。

第 2 步： ❶ 在搜索框中输入搜索内容，若确切的商品描述记得并不清楚，只需输入"联想"；❷ 此时将自动显示符合条件的搜索结果，根据需要设置筛选条件，本例中只勾选【联想一体机C340G2030T4G50GVW-D8(BK)(A)】复选框；❸ 单击【确定】按钮，如下图所示。

第 3 步： 返回工作表，即可查看到只显示了【商品描述】为【联想一体机

C340G2030T4G50GVW-D8(BK)(A)】的数据，如下图所示。

11. 按单元格颜色进行筛选

使用说明

　　编辑表格时，若设置了单元格背景颜色、字体颜色或条件格式等格式时，还可以按照颜色对数据进行筛选。

解决方法

　　如果要按单元格颜色进行筛选，具体操作方法如下。

第 1 步： 打开素材文件（位置：素材文件 \ 第 10 章 \ 销售清单 .xlsx），❶ 打开筛选状态，单击【品名】列右侧的下拉按钮；❷ 在弹出的下拉列表中选择【按颜色筛选】选项；❸ 在弹出的扩展菜单中选择要筛选的颜色，如下图所示。

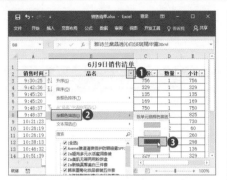

第 2 步： 返回工作表，即可查看筛选效果，如下图所示。

12. 以单元格颜色为条件进行求和计算

使用说明

对表格数据进行筛选后，还可对筛选结果进行求和、求平均值等基本计算。

解决方法

例如，在"销售清单.xlsx"中，先将【品名】列中黄色背景的单元格筛选出来，再对销售额进行求和运算，具体操作方法如下。

打开素材文件（位置：素材文件\第 10 章\销售清单.xlsx），❶

将使用上一例的方法将【品名】列中黄色背景的单元格筛选出来，选中 E26 单元格，输入函数"=SUBTOTAL (9,E4:E25)"，按下【Enter】键，即可得出计算结果，如下图所示。

13. 对双行标题的工作表进行筛选

使用说明

当工作表中的标题由两行组成，且有的单元格进行了合并处理时，若选中数据区域中的任意单元格，再进入筛选状态，会发现无法正常筛选数据，此时就需要参考下面的操作方法。

解决方法

如果要对双行标题的工作表进行筛选，具体操作方法如下。

第 1 步： 打开素材文件（位置：素材文件\第 10 章\工资表.xlsx），❶ 通过单击行号选中第 2 行标题；❷ 单击【筛选】按钮，如下图所示。

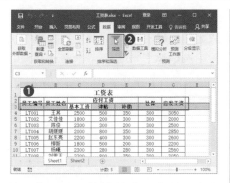

文件 \ 第 10 章 \ 销售业绩表 .xlsx），使用前文所学的方法，将【销售总量】前 5 名的数据筛选出来，如下图所示。

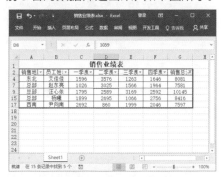

第 2 步： 进入筛选状态，此时用户便可根据需要设置筛选条件了，如下图所示。

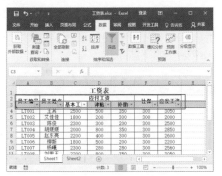

14. 对筛选结果进行排序整理

使用说明

对表格内容进行筛选分析的同时，还可根据操作需要，将表格按筛选字段进行升序或降序排序。

解决方法

例如，在"销售业绩表 .xlsx"的工作表中，先将【销售总量】前 5 名的数据筛选出来，再进行降序排列，具体操作方法如下。

第 1 步： 打开素材文件（位置：素材

第 2 步： ❶ 单击【销售总量】列右侧的下拉按钮；❷ 在弹出的下拉列表中选择排序方式，如【降序】，如下图所示。

第 3 步： 筛选结果即可进行降序排序，如下图所示。

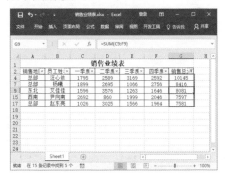

15. 使用多个条件进行高级筛选

使用说明

当要对表格数据进行多条件筛选时，用户通常会按照常规方法依次设置筛选条件。如果需要设置的筛选字段较多，且条件比较复杂，使用常规方法就会比较麻烦，而且还易出错，此时便可进行高级筛选。

解决方法

如果要在工作表中进行高级筛选，具体操作方法如下。

第 1 步： 打开素材文件（位置：素材文件 \ 第 10 章 \ 销售业绩表 .xlsx），❶ 在数据区域下方创建一个筛选的条件；❷ 选择数据区域内的任意单元格；❸ 单击【数据】选项卡下【排序和筛选】组中的【高级】按钮，如下图所示。

第 2 步： ❶ 弹出【高级筛选】对话框，选中【将筛选结果复制到其他位置】单选按钮；❷【列表区域】中自动设置了参数区域（若有误，需手动修改），将光标插入点定位在【条件区域】参

数框中，在工作表中拖动鼠标选择参数区域；❸ 在【复制到】参数框中设置筛选结果要放置的起始单元格；❹ 单击【确定】按钮，如下图所示。

第 3 步： 返回工作表，即可查看到筛选结果，如下图所示。

温馨提示

如果在【高级筛选】对话框的【方式】栏中选中【在原有区域显示筛选结果】单选按钮，则直接将筛选结果显示在原数据区域。

16. 将筛选结果复制到其他工作表中

使用说明

对数据进行高级筛选时，默认会在原数据区域中显示筛选结果，如果希望将筛选结果显示在其他工作表中，可参考下面的方法。

📖 解决方法

如果要将筛选结果显示在其他工作表中，具体操作方法如下。

第 1 步： 打开素材文件（位置：素材文件 \ 第 10 章 \ 销售业绩表 .xlsx），在数据区域下方创建一个筛选的约束条件，如下图所示。

第 2 步： ❶ 新建一张名为"筛选结果"的工作表，并切换到该工作表；❷ 选中任意单元格；❸ 单击【排序和筛选】组中的【高级】按钮，如下图所示。

第 3 步： ❶ 弹出【高级筛选】对话框，选中【将筛选结果复制到其他位置】

单选按钮；❷ 分别在【列表区域】和【条件区域】参数框中设置参数区域；❸ 在【复制到】参数框中设置筛选结果要放置的起始单元格；❹ 单击【确定】按钮，如下图所示。

第 4 步： 返回工作表，即可在【筛选结果】工作表中查看筛选结果，如下图所示。

17. 高级筛选不重复的记录

🗇 使用说明

通过高级筛选功能筛选数据时，还可对工作表中的数据进行过滤，保证字段或工作表中没有重复的值。

📖 解决方法

如果要在工作表中进行高级筛选，具体操作方法如下。

第 1 步： 打开素材文件（位置：素材文件 \ 第 10 章 \ 员工信息登记表1.xlsx），在数据区域下方创建一个筛选的约束条件，如下图所示。

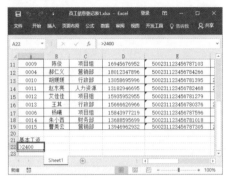

第 2 步： ❶ 新建一张工作表"Sheet2"，并切换到该工作表；❷ 选中任意单元格；❸ 单击【排序和筛选】组中的【高级】按钮，如下图所示。

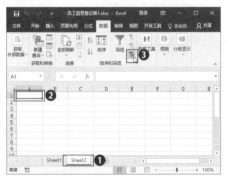

第 3 步： ❶ 弹出【高级筛选】对话框，设置筛选的相关参数；❷ 勾选【选择不重复的记录】复选框；❸ 单击【确定】按钮，如下图所示。

第 4 步： 返回工作表，将在"Sheet2"工作表显示筛选结果，对各列调整合适的列宽，如下图所示。

第 11 章

数据分析与汇总技巧

在编辑工作表时，灵活地使用条件格式、数据合并计算与预测分析及分类汇总等技巧，可以更快地管理和分析数据。本章将介绍相关的技巧，帮助你更好地管理数据。

下面，来看看以下一些数据分析与汇总中的常见问题，你是否会处理或已掌握。

- ✓ 在分析销量表时，想要突出显示符合特定条件的单元格，你知道使用哪种方法吗？
- ✓ 想要把数据形象地表现出来，可以将不同范围的值用不同的符号标示出来吗？
- ✓ 想要直观展示表格中的数据，又不想制作图表，还有什么方法可以实现呢？
- ✓ 要查看各地区的销量表，应该怎样汇总数据，以提高查看效果呢？
- ✓ 年度汇总表数据量较大，你知道怎样利用分级显示数据吗？
- ✓ 如何改变汇总的计算方式呢？

希望通过本章内容的学习，能帮助你解决以上问题，并学会 Excel 更多的数据分析、预测与汇总技巧。

11.1 使用条件格式分析数据

扫一扫，看视频

条件格式是指当单元格中的数据满足某个设定的条件时，系统会自动地将其以设定的格式显示出来，从而使表格数据更加直观。本节将讲解条件格式的一些操作技巧，如突出显示符合特定条件的单元格、突出显示高于或低于平均值的数据等。

1. 突出显示符合特定条件的单元格

📖 使用说明

在编辑工作表时，可以使用条件格式让符合特定条件的单元格数据突出显示出来，以便更好地查看工作表数据。

📖 解决方法

如果要将符合特定条件的单元格突出显示出来，具体操作方法如下。

第1步： 打开素材文件（位置：素材文件\第11章\销售清单1.xlsx），❶ 选择要设置条件格式的单元格区域B3:B25；❷ 在【开始】选项卡的【样式】组中单击【条件格式】按钮；❸ 在弹出的下拉列表中选择【突出显示单元格规则】选项；❹ 在弹出的扩展菜单中选择条件，本例中选择【文本包含】，如下图所示。

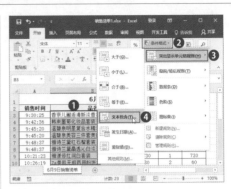

第2步： ❶ 弹出【文本中包含】对话框，设置具体条件及显示方式；❷ 单击【确定】按钮即可，如下图所示。

第3步： 返回工作表，可看到设置后的效果，如下图所示。

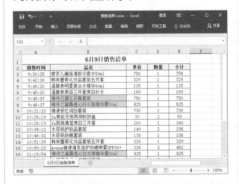

📖 知识拓展

如果要清除设置了包含条件格式的单元格区域，可单击【条件格式】按钮，在弹出的下拉列表中选择【清除规则】选项，在弹出的扩展菜单中选择【清除所选单元格的规则】选项即可。

2. 突出显示高于或低于平均值的数据

使用说明

利用条件格式展现数据时，可以将高于或低于平均值的数据突出显示出来。

解决方法

如果要突出显示高于或低于平均值的数据，具体操作方法如下。

第 1 步： 打开素材文件（位置：素材文件 \ 第 11 章 \ 员工销售表 .xlsx），❶ 选中要设置条件格式的单元格区域 E3:E12；❷ 单击【条件格式】按钮；❸ 在弹出的下拉列表中选择【最前 / 最后规则】选项；❹ 在弹出的扩展菜单中选择【低于平均值】选项，如下图所示。

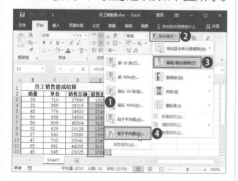

第 2 步: ❶ 弹出【低于平均值】对话框，在【针对选定区域，设置为】下拉列表中选择需要的单元格格式；❷ 单击【确定】按钮，如下图所示。

知识拓展

Excel 2016 之前的版本，应在单击【条件格式】下拉按钮后，选择【项目选取规则】选项，然后在弹出的扩展菜单中选择需要的命令。

第 3 步： 返回工作表，即可看到低于平均值的数据以所设置的格式突出显示出来，如下图所示。

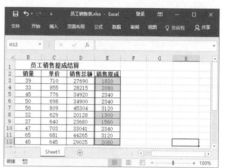

3. 突出显示排名前几位的数据

使用说明

对表格数据进行处理分析时，如果希望在工作表中突出显示排名靠前的数据，可通过条件格式轻松实现。

解决方法

例如，要将销售总额排名前 3 位的数据突出显示出来，具体操作方法如下。

第 1 步： 打开素材文件（位置：素材文件 \ 第 11 章 \ 员工销售表 .xlsx），❶ 选中要设置条件格式的单元格区域 D3:D12；❷ 单击【条件格式】按钮；❸ 在弹出的下拉列表中选择【最前 /

最后规则】选项；❹ 在弹出的扩展菜单中选择【前 10 项】选项，如下图所示。

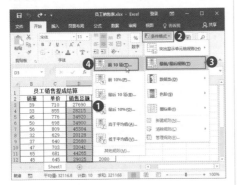

第 2 步：❶ 弹出【前 10 项】对话框，在微调框中将值设置为【3】，然后在【设置为】下拉列表中选择需要的格式；❷ 单击【确定】按钮，如下图所示。

知识拓展

在 Excel 2007、2010 版本中，操作略有区别，需要选择【项目选取规则】选项，在弹出的扩展菜单中需要选择【值最大的 10 项】选项，然后在弹出的【10 个最大的项】对话框中进行设置即可。

第 3 步：返回工作表，即可看到突出显示了销售总额排名前 3 位的数据，如下图所示。

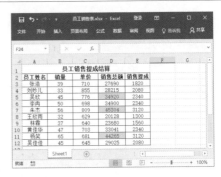

4. 突出显示重复数据

使用说明

在制作表格时，为了方便管理和查看数据，可以通过条件格式设置突出显示重复值。

解决方法

例如，要将表格中重复的姓名标记出来，具体操作方法如下。

第 1 步：打开素材文件（位置：素材文件 \ 第 11 章 \ 职员招聘报名表 .xlsx），❶ 选中要设置条件格式单元格区域 A3:A15；❷ 单击【条件格式】按钮；❸ 在弹出的下拉列表中选择【突出显示单元格规则】选项；❹ 在弹出的扩展菜单中选择【重复值】选项，如下图所示。

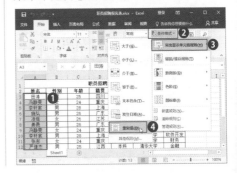

第 2 步： ❶ 弹出【重复值】对话框，设置重复值的显示格式；❷ 单击【确定】按钮，如下图所示。

第 3 步： 返回工作表，可以看到突出显示了重复姓名，如下图所示。

职员招聘报名表.xlsx 截图

> ### 💡 温馨提示
>
> 在工作表中应用条件格式后，若要将其清除，可先选中设置了包含条件格式的单元格区域，单击【条件格式】按钮，在弹出的下拉列表中选择【清除规则】选项，在弹出的扩展菜单中选择【清除所选单元格的规则】选项即可。若在扩展菜单中选择【清除整个工作表的规则】选项，可清除当前工作表中所有的条件格式。

5. 突出显示部门总经理名册记录

📖 使用说明

编辑工作表时，通过条件格式，还可以突出显示部门总经理名册记录。

📄 解决方法

例如，制作了一张员工名册表，因为有的部门有多个总经理，但主事的只有一人，因而放在了各部门员工的最前面，如下图所示。

员工名册 截图

现在通过条件格式将各部门主事的总经理标记出来，在操作过程中，通过 MATCH 函数和 ROW 函数判断数据是否是首条记录，具体操作方法如下。

第 1 步： 打开素材文件（位置：素材文件 \ 第 11 章 \ 员工名册 .xlsx），❶选中单元格区域 A3:H17；❷ 单击【开始】选项卡下【样式】组中的【条件格式】下拉按钮；❸ 在弹出的下拉菜单中选择【新建规则】命令，如下图所示。

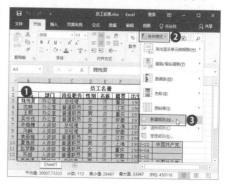

第 2 步：❶ 打开【新建格式规则】对话框，在【选择规则类型】列表框中选择【使用公式确定要设置格式的单元格】选项；❷ 在【为符合此公式的值设置格式】文本框中输入公式"=MATCH($B3,$B:$B,0)=ROW()"；❸ 单击【格式】按钮，如下图所示。

第 3 步：❶ 弹出【设置单元格格式】对话框，切换到【填充】选项卡；❷ 在【背景色】栏中选择需要的颜色；❸ 单击【确定】按钮，如下图所示。

第 4 步：返回【新建格式规则】对话框，单击【确定】按钮，返回工作表可查看效果，如下图所示。

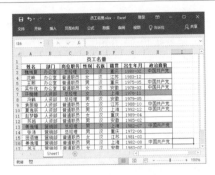

6. 用不同颜色显示不同范围的值

使用说明

Excel 提供了色阶功能，通过该功能，可以在单元格区域中以双色渐变或三色渐变方式直观显示数据，帮助用户了解数据的分布和变化。

解决方法

如果要以不同颜色显示单元格不同范围的数据，具体操作方法如下。

打开素材文件（位置：素材文件\第 11 章\员工销售表 .xlsx），❶ 选中要设置条件格式的单元格区域 E3:E12；❷ 单击【条件格式】按钮；❸ 在弹出的下拉列表中选择【色阶】选项；❹ 在弹出的扩展菜单中选择一种双色渐变的色阶样式即可，如下图所示。

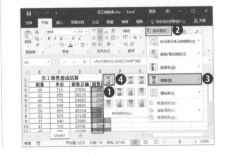

7. 复制条件格式产生的颜色

使用说明

在工作表中设置某些条件格式后，如突出显示重复值、突出显示排名靠前／靠后的数据等，会通过指定的颜色显示单元格数据。如果希望删除设置的条件格式，但是保留条件格式产生的颜色，可以通过复制功能实现。

解决方法

如果要在工作表中删除条件格式，并保留条件格式产生的颜色，具体操作方法如下。

第 1 步： 打开素材文件（位置：素材文件 \ 第 11 章 \ 比赛评分 .xlsx）， **①** 选中 B4:H9 单元格区域，连续按下两次【Ctrl+C】组合键进行复制操作； **②** 在【开始】选项卡的【剪贴板】组中单击"功能扩展"按钮 ，如下图所示。

第 2 步： **①** 打开【剪贴板】窗格，在【单击要粘贴的项目】列表中，单击项目右侧的下拉按钮； **②** 在弹出的下拉菜单中选择【粘贴】命令，如下图所示。

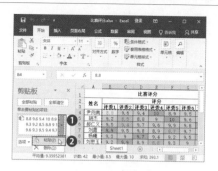

第 3 步： 通过上述设置后，表格虽然看起来并没有变化，但实际上条件格式已经被删除，由条件格式产生的颜色也得到了保留，如下图所示。

温馨提示

通过上述操作后，如果需要验证是否删除了条件格式，使用【清除规则】进行验证即可，若执行清除操作后，颜色还在，则证明了条件格式已经被删除。

8. 使用数据条表示不同级别人员的工资

使用说明

在编辑工作表时，为了能一目了然地查看数据的大小情况，可通过数据条功能实现。

解决方法

例如，使用数据条表示不同级别人员的工资，具体操作方法如下。

第 1 步： 打开素材文件（位置：素材文件 \ 第 11 章 \ 各级别职员工资总额对比 .xlsx），在 C3 单元格中输入公式"=B3"，然后利用填充功能向下复制公式，如下图所示。

第 2 步： ❶ 选中单元格区域 C3:C9，单击【开始】选项卡下【样式】组中的【条件格式】下拉按钮；❷ 在弹出的下拉列表中选择【数据条】选项；❸ 在弹出的扩展菜单中选择需要的数据条样式，如下图所示。

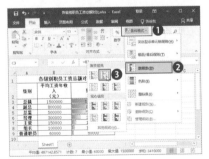

第 3 步： 返回工作表，可看到所选区域添加了设置的数据条效果，如下图所示。

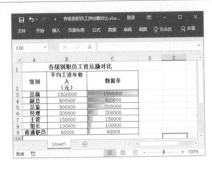

9. 让数据条不显示单元格数值

使用说明

为了能一目了然地查看工作表中数据的大小情况，可通过数据条功能实现。使用数据条显示单元格数值后，还可以设置不显示单元格数值。

解决方法

如果要使用数据条显示数据，并隐藏单元格数值，具体操作方法如下。

第 1 步： 打开素材文件（位置：素材文件 \ 第 11 章 \ 各级别职员工资总额对比 1.xlsx），❶ 选中单元格区域 C3:C9，单击【条件格式】下拉按钮；❷ 在弹出的下拉列表中选择【管理规则】选项，如下图所示。

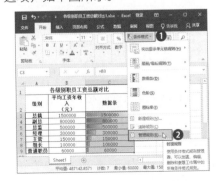

第 2 步： ❶ 弹出【条件格式规则管理器】对话框，在列表框中选择【数据条】选项；❷ 单击【编辑规则】按钮，如下图所示。

第 3 步： ❶ 弹出【编辑格式规则】对话框，在【编辑规则说明】栏中勾选【仅显示数据条】复选框；❷ 单击【确定】按钮，如下图所示。

第 4 步： 返回【条件格式规则管理器】对话框，单击【确定】按钮，在返回的工作表中即可查看效果，如下图所示。

10. 使用图标集将考试成绩等级形象地表示出来

使用说明

图标集用于对数据进行注释，并可以按值的大小将数据分为 3~5 个类别，每个图标代表一个数据范围。

解决方法

例如，为了方便查看员工的考核成绩，需通过图标集进行标识，具体操作方法如下。

第 1 步： 打开素材文件（位置：素材文件\第 11 章\新进员工考核表 .xlsx），❶ 选择单元格区域 B4：E14，❷ 单击【条件格式】按钮；❸ 在弹出的下拉列表中选择【图标集】选项；❹ 在弹出的扩展菜单中选择图标集样式，如下图所示。

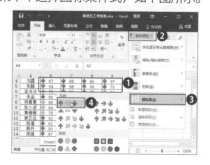

第 2 步： 返回工作表，可查看设置后的效果，如下图所示。

	A	B	C	D	E
1			新进员工考核表		
2				各单科成绩满分100分	
3	姓名	出勤考核	工作能力	工作态度	业务考核
4	刘露	67	65	60	97
5	张静	94	98	96	70
6	李洋洋	75	98	72	84
7	朱金	66	93	92	85
8	杨青青	85	86	92	67
9	张小波	84	68	97	80
10	黄雅雅	78	64	74	94
11	袁志远	92	93	94	77
12	陈倩	62	82	97	85
13	韩丹	90	76	91	65
14	陈强	87	73	89	90

对单元格区域添加多个条件格式后，可通过【条件格式规则管理器】对话框调整它们的优先级。

11. 调整条件格式的优先级

使用说明

Excel 允许对同一个单元格区域设置多个条件格式，当同一个单元格区域存在多个条件格式规则时，如果规则之间不冲突，则全部规则都有效，将同时显示在单元格中；如果两个条件格式规则发生冲突，则会执行优先级高的规则。

例如，在下图所示的 B4:B14 单元格区域内，分别使用了数据条和图标集两种条件格式，因为两种格式的规则都不冲突，所以两个规则都能得以应用；而 C4:C14 单元格区域中，依次设置了【突出显示单元格规则】中的大于 90 的值、【项目选取规则】中的显示前 3 个值，这两个规则发生冲突，所以只显示了优先级高的条件格式。

解决方法

如果要在工作表中调整规则的优先级，具体操作方法如下。

第 1 步： 打开素材文件（位置：素材文件 \ 第 11 章 \ 新进员工考核表 1.xlsx），❶ 在单元格区域 C4:C11 中选择任意单元格，打开【条件格式规则管理器】对话框，在列表框中选择需要调整优先级的规则；❷ 通过单击【上移】按钮▲或【下移】按钮▼进行调整；❸ 单击【确定】按钮即可，如下图所示。

第 2 步： 返回工作表，可查看设置后的效果，如下图所示。

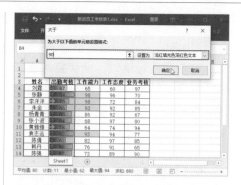

12. 什么是【如果为真则停止】

使用说明

当同一单元格区域中同时存在多个条件格式规则时，Excel 将从优先级高的规则开始逐条执行，直到所有规则执行完毕。但是，若用户使用了【如果为真则停止】规则后，一旦优先级较高的规则条件被满足，则不再执行其优先级之下的规则了。使用【如果为真则停止】规则，可以对数据集中的数据进行有条件的筛选。

解决方法

如果要使用【如果为真则停止】规则，具体操作方法如下。

第 1 步： 打开素材文件（位置：素材文件 \ 第 11 章 \ 新进员工考核表1.xlsx），选中 B4:B14 单元格区域，单击【条件格式】下拉按钮，在弹出的下拉列表中选择【突出显示单元格规则】选项，选择扩展菜单中的【大于】选项，在弹出的【大于】对话框中设置大于【90】的值，如下图所示。

第 2 步： ❶ 在单元格区域 B4:B14 中选择任意单元格，打开【条件格式规则管理器】对话框。在列表框中选择【单元格值 >90】选项，保证其优先级最高；❷ 勾选右侧的【如果为真则停止】复选框；❸ 单击【确定】按钮，如下图所示。

第 3 步： 返回工作表，将看到值大于 90 的单元格，只应用了【突出显示单元格规则】条件格式，如下图所示。

13. 只在不合格的单元格上显示图标集

使用说明

在使用图标集时，默认会为选择的单元格区域都添加上图标集，如果想要在特定的某些单元格上添加图标集，可以使用公式来实现。

解决方法

如果只需要在不合格的单元格上显示图标集，具体操作方法如下。

第1步：打开素材文件（位置：素材文件\第11章\行业资格考试成绩表.xlsx），❶选中单元格区域B3:D16；❷单击【条件格式】按钮；❸在弹出的下拉列表中选择【新建规则】选项，如下图所示。

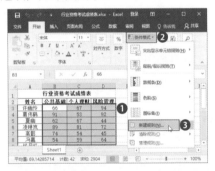

第2步：❶弹出【新建格式规则】对话框，在【选择规则类型】列表框中选择【基于各自值设置所有单元格的格式】选项；❷在【编辑规则说明】列表框中的【基于各自值设置所有单元格的格式】栏的【格式样式】下拉列表中选择【图标集】选项；❸在【图标样式】下拉列表中选择一种打叉的

样式；❹在【根据以下规则显示各个图标】栏中设置等级参数，其中第1个【值】参数框可以输入大于60的任意数字，第2个【值】参数框必须输入60；❺相关参数设置完成后单击【确定】按钮，如下图所示。

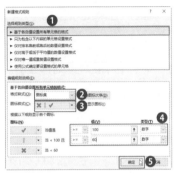

第3步：❶返回工作表，保持单元格区域B3:D16的选中状态，单击【条件格式】按钮；❷在弹出的下拉列表中选择【新建规则】选项，如下图所示。

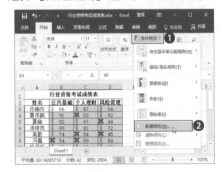

第4步：❶弹出【新建格式规则】对话框，在【选择规则类型】列表框中选择【使用公式确定要设置格式的单元格】选项；❷在【为符合此公式的值设置格式】文本框中输入公式"=B3>=60"；❸不设置任何格式，

直接单击【确定】按钮，如下图所示。

第 5 步： ❶ 保持单元格区域 B3:B16 的选中状态；单击【条件格式】按钮；❷ 在弹出的下拉列表中选择【管理规则】选项，如下图所示。

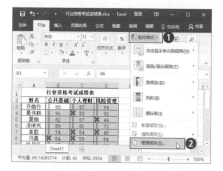

第 6 步： ❶ 弹出【条件格式规则管理器】对话框，在列表框中选择【公式：=B3>=60】选项，保证其优先级最高，勾选右侧的【如果为真则停止】复选框；❷ 单击【确定】按钮，如下图所示。

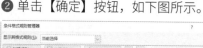

第 7 步： 返回工作表，可看到只有不及格的成绩才有打叉的图标标记，而及格的成绩没有图标集，也没有改变格式，如下图所示。

14. 使用条件格式突出显示双休日

使用说明

　　编辑工作表时，我们还可以利用条件格式突出显示双休日。

解决方法

　　如果要利用条件格式来突出显示双休日，具体操作方法如下。

第 1 步： 打开素材文件（位置：素材文件 \ 第 11 章 \ 备忘录.xlsx），❶ 选择要设置条件格式的单元格区域 A3:A33；❷ 单击【条件格式】按钮；❸ 在弹出的下拉列表中选择【新建规则】选项，如下图所示。

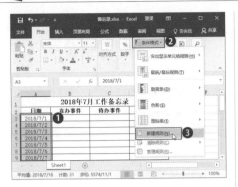

第 2 步： ❶ 弹出【新建格式规则】对话框，在【选中规则类型】列表框中选择【使用公式确定要设置格式的单元格】选项；❷ 在【为符合此公式的值设置格式】文本框中输入公式"=WEEKDAY($A3,2)>5"；❸ 单击【格式】按钮，如下图所示。

第 3 步： ❶ 弹出【设置单元格格式】对话框，根据需要设置显示方式，本例中在【填充】选项卡中选择【红色】背景色；❷ 单击【确定】按钮，如下图所示。

第 4 步： 返回【新建格式规则】对话框，单击【确定】按钮，返回工作表，即可看到双休日的单元格以红色背景进行显示，如下图所示。

15. 快速将奇数行和偶数行用两种颜色区分

使用说明

在制作表格时，有时为了美化表格，需要分别对奇数行和偶数行设置不同的填充颜色，若逐一选择再设置填充颜色会非常烦琐，此时可通过条件格式进行设置，以快速获得需要的效果。

解决方法

如果要通过条件格式分别为奇数行和偶数行设置填充颜色，具体操作方法如下。

第 1 步： 打开素材文件（位置：素材文件\第 11 章\行业资格考试成绩表 .xlsx），❶ 选中单元格区域 A2:D16，打开【新建格式规则】对话框，在【选择规则类型】列表框中选择【使用公式确定要设置格式的单元格】选项；❷ 在【为符合此公式的值设置格式】文本框中输入公式"=MOD(ROW(),2)"；❸ 单击【格式】按钮，如下图所示。

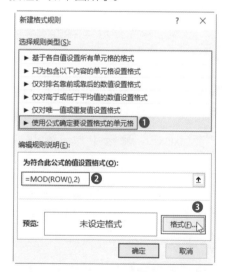

第 2 步： ❶ 弹出【设置单元格格式】对话框，在【填充】选项卡的【背景色】栏中选择需要的颜色；❷ 单击【确定】按钮，如下图所示。

第 3 步： 返回【新建格式规则】对话框，单击【确定】按钮，返回工作表，可发现奇数行填充了所设置的颜色，如下图所示。

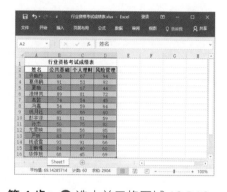

第 4 步： ❶ 选中单元格区域 A2:D16，打开【新建格式规则】对话框，在【选择规则类型】列表框中选择【使用公式确定要设置格式的单元格】选项；❷ 在【为符合此公式的值设置格式】文本框中输入公式"=MOD(ROW(),2)=0"；❸ 单击【格式】按钮，如下图所示。

第5步： ❶ 弹出【设置单元格格式】对话框，在【填充】选项卡的【背景色】栏中选择需要的颜色；❷ 单击【确定】按钮，如下图所示。

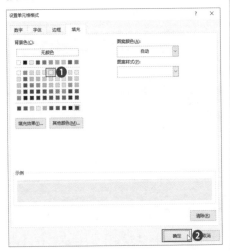

第6步： 返回【新建格式规则】对话框，单击【确定】按钮，返回工作表，可发现偶数行填充了所设置的颜色，如下图所示。

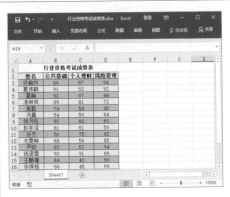

16. 标记特定年龄段的人员

📖 使用说明

编辑工作表时，通过条件格式，还可以将特定年龄段的人员标记出来。

📋 解决方法

例如，要将年龄在 25~32 岁的职员标记出来，具体操作方法如下。

第1步： 打开素材文件（位置：素材文件\第11章\员工信息登记表2.xlsx），❶ 选中单元格区域A3:H17，打开【新建格式规则】对话框，在【选择规则类型】列表框中选择【使用公式确定要设置格式的单元格】选项；❷ 在【为符合此公式的值设置格式】文本框中输入公式"=AND($G3>=25,$G3<=32)"；❸ 单击【格式】按钮，如下图所示。

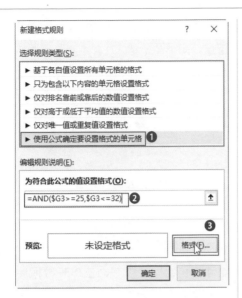

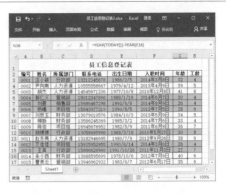

11.2　数据汇总与分析技巧

扫一扫，看视频

对表格数据进行分析处理的过程中，利用 Excel 提供的分类汇总功能，可以将表格中的数据进行分类，然后再把性质相同的数据汇总到一起，使其结构更清晰。Excel 还可以使用合并计算、模拟分析功能对表格数据进行处理与分析。下面介绍数据汇总与分析的技巧。

1. 创建分类汇总

📖 使用说明

分类汇总是指根据指定的条件对数据进行分类，并计算各分类数据的汇总值。

在进行分类汇总前，应先以需要进行分类汇总的字段为关键字进行排序，以避免无法达到预期的汇总效果。

📋 解决方法

例如，在"家电销售情况.xlsx"中，以【商品类别】为分类字段，对销售额进行求和汇总，具体操作方法如下。

第 2 步： ❶ 弹出【设置单元格格式】对话框，在【填充】选项卡的【背景色】栏中选择需要的颜色；❷ 单击【确定】按钮，如下图所示。

第 3 步： 返回【新建格式规则】对话框，单击【确定】按钮，返回工作表可查看效果，如下图所示。

225

第1步： 打开素材文件（位置：素材文件\第11章\家电销售情况.xlsx），❶在【商品类别】列中选中任意单元格；❷单击【排序和筛选】组中的【升序】按钮 ↓进行排序，如下图所示。

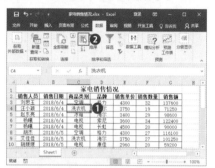

第2步： ❶选择数据区域中的任意单元格；❷单击【数据】选项卡下【分级显示】组中的【分类汇总】按钮，如下图所示。

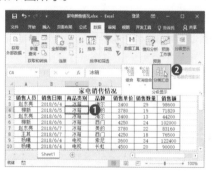

第3步： ❶弹出【分类汇总】对话框，在【分类字段】下拉列表中选择要进行分类汇总的字段，本例中选择【商品类别】；❷在【汇总方式】下拉列表选择需要的汇总方式，本例中选择【求和】；❸在【选定汇总项】列表框中设置要进行汇总的项目，本例中

勾选【销售额】复选框；❹单击【确定】按钮，如下图所示。

第4步： 返回工作表，工作表数据完成分类汇总。分类汇总后，工作表左侧会出现一个分级显示栏，通过分级显示栏中的分级显示符号可分级查看相应的表格数据，如下图所示。

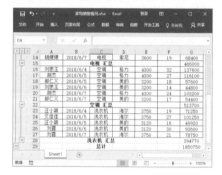

2. 更改分类汇总

📖 使用说明

　　创建分类汇总后，还可根据需要更改汇总方式。

📋 解决方法

　　如果要更改分类汇总，具体操作

方法如下。

❶ 在创建了分类汇总的工作表中，选中任意单元格，打开【分类汇总】对话框。根据需要设置【分类字段】、【汇总方式】等参数；❷ 单击【确定】按钮，如下图所示。

3. 将汇总项显示在数据上方

使用说明

默认情况下，对表格数据进行分类汇总后，汇总项显示在数据下方。根据操作需要，可以将汇总项显示在数据上方。

解决方法

例如，要对销售额进行求和汇总，并将汇总项显示在数据上方，具体操作方法如下。

第 1 步：打开素材文件（位置：素材文件 \ 第 11 章 \ 家电销售情况 .xlsx），以【销售日期】为关键字，对表格数据进行升序排列，如下图所示。

第 2 步：❶ 选择数据区域中的任意单元格，打开【分类汇总】对话框，在【分类字段】下拉列表中选择【销售日期】选项；❷ 在【汇总方式】下拉列表选择【求和】选项；❸ 在【选定汇总项】列表框中勾选【销售额】复选框；❹ 取消勾选【汇总结果显示在数据下方】复选框；❺ 单击【确定】按钮，如下图所示。

第 3 步：返回工作表，即可看到表格数据以【销售日期】为分类字段，对销售额进行了求和汇总，且汇总项显示在数据上方，如下图所示。

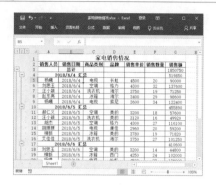

4. 对表格数据进行嵌套分类汇总

使用说明

对表格数据进行分类汇总时，如果希望对某一关键字段进行多项不同汇总方式的汇总，可通过嵌套分类汇总方式实现。

解决方法

例如，在"员工信息表.xlsx"中，以【部门】为分类字段，先对【缴费基数】进行求和汇总，再对【年龄】进行平均值汇总，具体操作方法如下。

第1步： 打开素材文件（位置：素材文件\第11章\员工信息表.xlsx），以【部门】为关键字，对表格数据进行升序排序，如下图所示。

第2步： ❶ 选择数据区域中的任意单元格，打开【分类汇总】对话框，在【分类字段】下拉列表中选择【部门】选项；❷ 在【汇总方式】下拉列表选择【求和】选项；❸ 在【选定汇总项】列表框中勾选【缴费基数】复选框；❹ 单击【确定】按钮，如下图所示。

第3步： 返回工作表，可看到以【部门】为分类字段，对【缴费基数】进行求和汇总后的效果，如下图所示。

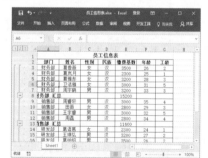

第4步： ❶ 选择数据区域中的任意单元格，打开【分类汇总】对话框，在【分类字段】下拉列表中选择【部门】选项；❷ 在【汇总方式】下拉列表选择【平均值】选项；❸ 在【选定汇总项】列表框中勾选【年龄】复选框；❹ 取消

勾选【替换当前分类汇总】复选框；❺单击【确定】按钮，如下图所示。

第 5 步： 返回工作表，可以查看嵌套汇总后的最终效果，如下图所示。

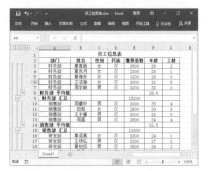

5. 对表格数据进行多字段分类汇总

使用说明

在对数据进行分类汇总时，一般是按单个字段对数据进行分类汇总。如果需要按多个字段对数据进行分类汇总，只需按照分类次序多次执行分类汇总操作即可。

解决方法

例如，在"员工信息表 .xlsx"中，先以【部门】为分类字段，对【年龄】

进行平均值汇总，再以【性别】为分类字段，对【年龄】进行平均值汇总，具体操作方法如下。

第 1 步： 打开素材文件（位置：素材文件 \ 第 11 章 \ 员工信息表 .xlsx），❶选中数据区域中的任意单元格，打开【排序】对话框。设置排序条件；❷单击【确定】按钮，如下图所示。

第 2 步： 返回工作表，可查看排序后的效果，如下图所示。

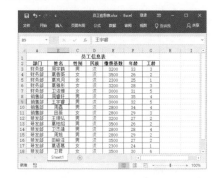

第 3 步： ❶选择数据区域中的任意单元格，打开【分类汇总】对话框，在【分类字段】下拉列表中选择【部门】选项；❷在【汇总方式】下拉列表选择【平均值】选项；❸在【选定汇总项】列表框中勾选【年龄】复选框；❹单击【确定】按钮，如下图所示。

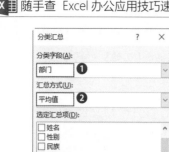

第4步： 返回工作表，可看到以【部门】为分类字段，对【年龄】进行平均值汇总后的效果，如下图所示。

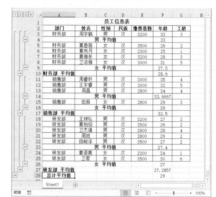

第5步： ❶ 选择数据区域中的任意单元格，打开【分类汇总】对话框，在【分类字段】下拉列表中选择【性别】选项；❷ 在【汇总方式】下拉列表选择【平均值】选项；❸ 在【选定汇总项】列表框中勾选【年龄】复选框；❹ 取消勾选【替换当前分类汇总】复选框；❺ 单击【确定】按钮，如下图所示。

第6步： 返回工作表，可看到依次以【部门】、【性别】为分类字段，对【年龄】进行平均值汇总后的效果，如下图所示。

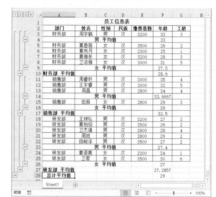

6. 复制分类汇总结果

使用说明

对工作表数据进行分类汇总后，可将汇总结果复制到新工作表中进行保存。根据操作需要，可以将包含明细数据在内的所有内容进行复制，也可只复制不含明细数据的汇总结果。

解决方法

例如，要复制不含明细数据的汇

总结果，具体操作方法如下。

第 1 步：打开素材文件（位置：素材文件\第 11 章\家电销售情况 1.xlsx），在创建了分类汇总的工作表中，通过左侧的分级显示栏调整要显示的内容，本例中单击③按钮，隐藏明细数据，如下图所示。

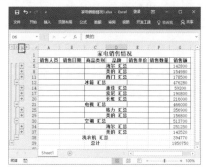

第 2 步： ❶ 隐藏明细数据后选中数据区域；❷ 在【开始】选项卡的【编辑】组中单击【查找和选择】按钮；❸ 在弹出的下拉列表中选择【定位条件】选项，如下图所示。

🔔 温馨提示

若要将包含明细数据在内的所有内容进行复制，则选中数据区域后直接进行复制→粘贴操作即可。

第 3 步： ❶ 弹出【定位条件】对话框，选中【可见单元格】单选按钮；❷ 单击【确定】按钮，如下图所示。

第 4 步：返回工作表，新建一张工作表，直接按下【Ctrl+C】组合键进行复制操作，然后在新建工作表中执行粘贴操作即可，如下图所示。

7. 分页存放汇总结果

📖 使用说明

如果希望将分类汇总后的每组数据进行分页打印操作，可通过设置分页汇总来实现。

📋 解决方法

如果要将分类汇总分页存放，具

体操作方法如下。

第 1 步： 打开素材文件（位置：素材文件 \ 第 11 章 \ 家电销售情况 .xlsx），将【品牌】按升序排序，然后打开【分类汇总】对话框，如下图所示。

第 2 步： ❶ 设置分类汇总的相关条件；❷ 勾选【每组数据分页】复选框；❸ 单击【确定】按钮，如下图所示。

第 3 步： 经过以上操作后，在每组汇总数据的后面会自动插入分页符，切换到【分页预览】视图，可以查看最终效果，如下图所示。

8. 删除分类汇总

使用说明

对表格数据进行分类汇总后，如果需要恢复到汇总前的状态，可将设置的分类汇总删除。

解决方法

如果要删除分类汇总，具体操作方法如下。

选择数据区域中的任意单元格，打开【分类汇总】对话框，单击【全部删除】按钮即可，如下图所示。

9. 自动建立分级显示

使用说明

对于行列数较多、字段类别含多个层次的数据表，我们可以使用分级显示功能创建多层次的、带有大纲结构的显示样式。

如果在数据表中设置了汇总行或汇总列，并对数据应用了求和或其他汇总方式，那么便可通过分级显示功能自动分级显示数据。

解决方法

例如，在"超市盈利情况 .xlsx"中，使用公式计算出了各个超市小计、季度小计以及总计，如下图所示。

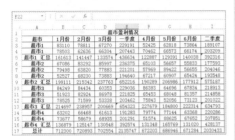

现在要在该表格中自动创建分级显示，具体操作方法如下。

第 1 步： 打开素材文件（位置：素材文件\第 11 章\超市盈利情况 .xlsx），❶ 在数据区域中选中任意单元格；❷ 在【数据】选项卡下【分级显示】组中单击【组合】下拉按钮；❸ 在弹出的下拉列表中选择【自动建立分级显示】选项，如下图所示。

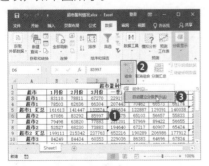

第 2 步： 经过以上操作，Excel 会从汇总公式中自动判断分级的位置，从而自动生成分级显示的样式，如下图所示。

10. 隐藏 / 显示明细数据

使用说明

对表格数据建立分级显示，其目的就是为了方便查看数据，根据操作需要，用户可以对明细数据进行隐藏或显示操作。

解决方法

如果要隐藏或显示明细数据，具体操作方法如下。

第 1 步： 打开素材文件（位置：素材文件\第 11 章\资产类科目表 .xlsx），单击分级显示按钮1，只显示一级数据，隐藏所有明细数据，如下图所示。

第 2 步： 单击分级显示按钮2，只显示二级数据，隐藏二级以下的明细数据，如下图所示。

第 3 步： 单击 □ 按钮，可隐藏当前组中的明细数据，其他组的数据明细没有变化，如下图所示。

第 4 步： 单击 □ 按钮，可展开当前组中的明细数据，其他组的数据明细没有变化，如下图所示。

技能拓展

除了上述操作方法之外，还可以通过功能区对明细数据进行隐藏／显示操作。例如在本例的表格中，在三级数据区域 A17:D20 中选中任意单元格，然后单击【分

级显示】组中的【隐藏明细数据】按钮，即可将 A17:D20 数据区域中的明细数据隐藏起来；将 A17:D20 数据区域中的明细数据隐藏起来后，在它的上级数据区域 A16:D16 中选中任意单元格，单击【分级显示】组中的【显示明细数据】按钮，即可将 A17:D20 数据区域中的明细数据显示起来。

11. 将表格中的数据转换为列表

使用说明

在编辑表格时，可以将表格中指定的数据区域转换为列表，从而方便数据的管理与分析。

解决方法

如果要将数据转换为列表，具体操作方法如下。

第 1 步： 打开素材文件（位置：素材文件 \ 第 11 章 \ 家电销售情况 .xlsx），❶ 选中要转换为列表的数据区域（可以是部分数据区域），本例中选择 A2:I17 单元格区域；❷ 单击【插入】选项卡【表格】组中的【表格】按钮，如下图所示。

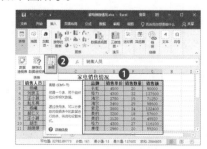

第 2 步： 弹出【创建表】对话框，单击【确定】按钮，如下图所示。

第 3 步： 返回工作表，即可看到将数据区域转换为列表后的效果，如下图所示。

技能拓展

如果要将列表转换为表格区域，可以选择列表中的任意单元格，然后切换到【表格工具 / 设计】选项卡，在【工具】组中单击【转换为区域】按钮，在弹出的提示框中单击【是】按钮即可。

12. 对列表中的数据进行汇总

使用说明

在列表中，通过汇总行功能，可以非常方便地对列表中的数据进行汇总计算，如求和、求平均值、求最大值、求最小值等。

解决方法

如果要对列表进行汇总，具体操作方法如下。

第 1 步： 打开素材文件（位置：素材文件 \ 第 11 章 \ 家电销售情况 2.xlsx），❶ 选中列表区域中的任意单元格；❷ 在【表格工具 / 设计】选项卡的【表格样式选项】组中勾选【汇总行】复选框，如下图所示。

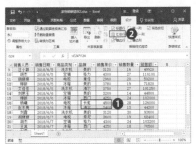

第 2 步： 列表的最底端将自动添加汇总行，并显示汇总结果，如下图所示。

技能拓展

对列表进行汇总后，若要取消汇总，则直接在【表格样式选项】组中取消勾选【汇总行】复选框即可。

13. 更改汇总行的计算函数

使用说明

对列表中的数据进行汇总时，默认采用的是求和汇总方式，根据操作需要，可以更改汇总计算方式。

📖 解决方法

例如，要将汇总方式更改为求最大值，具体操作方法如下。

第1步： 打开素材文件（位置：素材文件\第11章\家电销售情况2.xlsx），❶ 选中汇总项单元格，单击右侧的下拉按钮；❷ 在弹出的下拉列表中选择需要的汇总方式即可，本例中选择【最大值】方式，如下图所示。

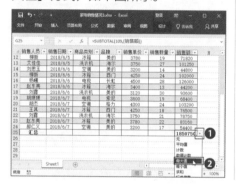

第2步： 选择完成后，汇总行即可显示结果，如下图所示。

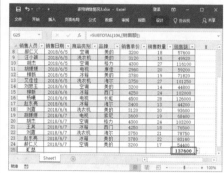

第 12 章

使用图表分析数据的技巧

图表是重要的数据分析工具之一，通过图表可以非常直观地诠释工作表数据，并能清楚地显示数据间的细微差异及变化情况，从而更好地分析数据。本章主要针对图表功能，讲解一些操作技巧。

下面，来看看以下一些图表制作中的常见问题，你是否会处理或已掌握。

✓ 认真挑选了合适的数据源，创建了一个图表，可是却发现图表类型不合适，需要删除图表重新创建吗？

✓ 制作了一个饼图，想要将一部分饼图突出显示，你是否知道如何将一部分饼图分离出来吗？

✓ 工作表中的重要数据被隐藏后，又希望将其以图表的形式展示给他人，能否将隐藏的数据显示在图表中？

✓ 图表创建完成后，需要将图表发送给他人查看，又担心他人无意中更改了图表内容，你知道如何将图表保存为 PDF 格式吗？

✓ 在图表中分析数据时，你知道怎样添加辅助线吗？

希望通过本章内容的学习，能帮助你解决以上问题，并学会 Excel 图表的制作与应用技巧。

12.1 创建正确图表

扫一扫，看视频

在 Excel 中，用户可以很轻松地创建各种类型的图表。完成图表的创建后，还可以根据需要进行编辑和修改，以便让图表更直观地展现工作表数据。

1. 根据数据创建图表

使用说明

创建图表的方法非常简单，只需选择要创建为图表的数据区域，然后选择需要的图表样式即可。在选择数据区域时，根据需要用户可以选择整个数据区域，也可以选择部分数据区域。

解决方法

例如，为部分数据源创建一个柱形图，具体操作方法如下。

第 1 步：打开素材文件（位置：素材文件\第 12 章\上半年销售情况 .xlsx），❶ 选择要创建为图表的数据区域；❷ 单击【插入】选项卡下【图表】组中的图表类型对应的按钮，本例中单击【插入柱形图和条形图】按钮；❸ 在弹出的下拉列表中选择需要的柱形图样式，如下图所示。

> **知识拓展**
> 选择数据区域后，单击【图表】组中的【功能扩展】按钮，在弹出的【插入图表】对话框中也可选择需要的图表样式。

第 2 步：通过上述操作后，将在工作表中插入一个图表，鼠标指针指向该图表边缘时，鼠标指针会呈状，此时按住鼠标左键不放并拖动鼠标，可移动图表的位置，如下图所示。

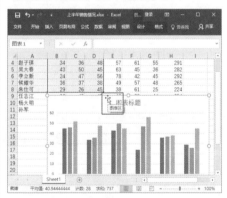

2. 更改已创建图表的类型

使用说明

创建图表后，若图表的类型不符合用户的需求，则可以更改图表的类型。

解决方法

例如，要将柱形图更改为折线图类型的图表，具体操作方法如下。

第 1 步： 打开素材文件（位置：素材文件\第 12 章\上半年销售情况1.xlsx），❶ 选中图表；❷ 单击【图表工具 / 设计】选项卡下【类型】组中的【更改图表类型】按钮，如下图所示。

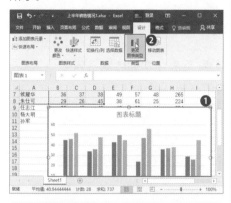

第 2 步： ❶ 弹出【更改图表类型】对话框，在【所有图表】选项卡左侧的列表中选择【折线图】选项；❷ 在右侧预览栏上方选择需要的折线图样式；

❸ 在预览栏中提供了所选样式的呈现方式，根据需要进行选择；❹ 单击【确定】按钮即可，如下图所示。

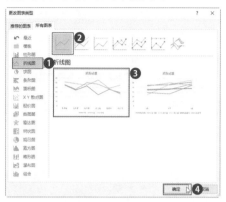

第 3 步： 通过上述操作后，所选图表将更改为折线图，如下图所示。

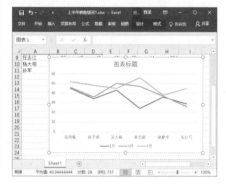

3. 在一个图表中使用多个图表类型

📋 **使用说明**

　　若图表中包含多个数据系列，还可以为不同的数据系列设置不同的图表类型。

📄 **解决方法**

　　例如，要对某一个数据系列使用折线图类型的图表，具体操作方法如下。

第 1 步：打开素材文件（位置：素材文件\第 12 章\上半年销售情况 1.xlsx），❶ 选中需要设置不同图表类型的数据系列，右击；❷ 在弹出的快捷菜单中选择【更改系列图表类型】命令，如下图所示。

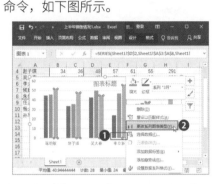

第 2 步：❶ 弹出【更改图表类型】对话框，在【所有图表】选项卡左侧的列表中选择【组合】选项；❷ 在需要更改样式的系列右侧的下拉列表中选择该系列数据的图表样式；❸ 单击【确定】按钮，如下图所示。

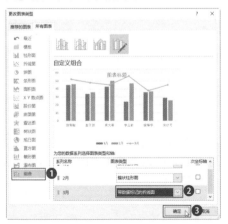

第 3 步：返回工作表，即可查看设置后的效果，如下图所示。

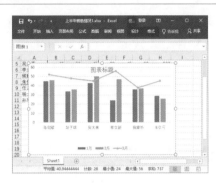

4. 在图表中增加数据系列

📋 使用说明

在创建图表时，若只是选择了部分数据进行创建，则在后期操作过程中，还可以在图表中增加数据系列。

📑 解决方法

如果要在图表中增加数据系列，具体操作方法如下。

第 1 步：打开素材文件（位置：素材文件\第 12 章\上半年销售情况 1.xlsx），❶ 选中图表；❷ 单击【图表工具/设计】选项卡下【数据】组中的【选择数据】按钮，如下图所示。

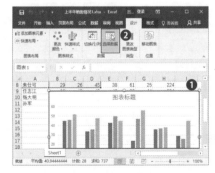

第 2 步：弹出【选择数据源】对话框，

单击【图例项（系列）】栏中的【添加】按钮，如下图所示。

第 3 步： ❶ 弹出【编辑数据系列】对话框，分别在【系列名称】和【系列值】参数框中设置对应的数据源；❷ 单击【确定】按钮，如下图所示。

第 4 步： 返回【选择数据源】对话框，单击【确定】按钮，返回工作表，即可看到图表中增加了数据系列，如下图所示。

> **温馨提示**
>
> 　　在工作表中，如果对数据进行了修改或删除操作，图表会自动进行相应的更新。如果在工作表中增加了新数据，则图表不会自动进行更新，需要手动增加数据系列。

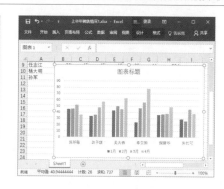

5. 精确选择图表中的元素

使用说明

　　一个图表通常由图表区、图表标题、图例及各个系列数据等元素组成，当要对某个元素对象进行操作时，需要先将其选中。一般来说，单击某个对象，便可将其选中。但当图表内容过多时，单击可能会选择错误，要想精确选择某元素，可通过功能区实现。

解决方法

　　例如，通过功能区选择水平轴，具体操作方法如下。

第 1 步： 打开素材文件（位置：素材文件\第 12 章\上半年销售情况1.xlsx），❶ 选中图表，单击【图表工具 / 格式】选项卡下【当前所选内容】组的【图表区】下拉按钮；❷ 在弹出的下拉列表中选择元素选项，如【水平（类别）轴】，如下图所示。

第 2 步： 图表中的水平轴即可呈选中状态，如下图所示。

6. 更改图表的数据源

📇 **使用说明**

创建图表后，如果发现数据源选择错误，还可根据操作需要，更改图表的数据源。

📑 **解决方法**

如果要更改图表的数据源，具体操作方法如下。

第 1 步： 打开素材文件（位置：素材文件\第 12 章\上半年销售情况 1.xlsx），选中图表，打开【选择数据源】对话框，单击【图表数据区域】右侧的 按钮，如下图所示。

第 2 步： 在工作表中重新选择数据区域，完成后单击【选择数据源】对话框中的 按钮，如下图所示。

第 3 步： 返回【选择数据源】对话框，单击【确定】按钮，返回工作表，即可看到图表中已经更改了数据源，如下图所示。

7. 分离饼图扇区

📇 **使用说明**

在工作表中创建饼图后，所有的

数据系列都是一个整体。根据操作需要，可以将饼图中的某扇区分离出来，以便突出显示该数据。

解决方法

如果要将饼图的扇区分离，具体操作方法如下。

第 1 步： 打开素材文件（位置：素材文件 \ 第 12 章 \ 上半年销售情况 2.xlsx），在图表中选择要分离的扇区，本例中选择【5 月】数据系列，然后按住鼠标左键不放并进行拖动，如下图所示。

第 2 步： 拖动至目标位置后，释放鼠标左键，即可实现该扇区的分离，如下图所示。

8. 将隐藏的数据显示到图表中

使用说明

若在编辑工作表时，将某部分数据隐藏，则创建的图表也不会显示该数据。此时，可以通过设置让隐藏的工作表数据显示到图表中。

解决方法

如果要将隐藏的数据显示到图表中，具体操作方法如下。

第 1 步： 打开素材文件（位置：素材文件 \ 第 12 章 \ 上半年销售情况 3.xlsx），❶ 选中图表；❷ 单击【图表工具 / 设计】选项卡下【数据】组中的【选择数据】按钮，如下图所示。

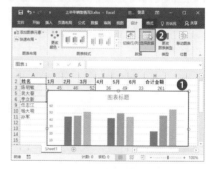

第 2 步： 打开【选择数据源】对话框，单击【隐藏的单元格和空单元格】按钮，如下图所示。

第3步：❶弹出【隐藏和空单元格设置】对话框，勾选【显示隐藏行列中的数据】复选框，❷单击【确定】按钮，如下图所示。

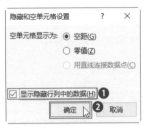

第4步：返回【选择数据源】对话框，单击【确定】按钮，返回工作表，即可看见图表中显示了隐藏的数据，如下图所示。

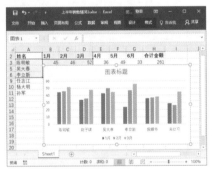

9. 快速显示和隐藏图表元素

使用说明

创建图表后，为了便于编辑图表，还可根据需要对图表元素进行显示/隐藏操作。

解决方法

例如，要将数据标签显示出来，具体操作方法如下。

打开素材文件（位置：素材文件\

第12章\上半年销售情况3.xlsx），❶选中图表，图表右侧会出现一个【图表元素】按钮 ➕，单击该按钮；❷打开【图表元素】窗口，勾选某个复选框，便可在图表中显示对应的元素；反之，取消勾选某个复选框，则会隐藏对应的元素。本例中勾选【数据标签】复选框后，图表的分类系列上即可显示具体的数值，从而方便用户更好地查看图表，如下图所示。

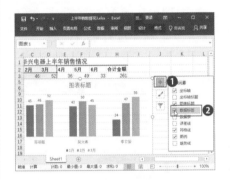

10. 更改图表元素的显示位置

使用说明

将某个图表元素显示到图表后，还可以根据需要调整其显示位置，以便更好地查看图表。

解决方法

例如，要调整数据标签的显示位置，具体操作方法如下。

打开素材文件（位置：素材文件\第12章\上半年销售情况4.xlsx），❶选中图表后打开【图表元素】窗口，将鼠标指针指向【数据标签】选项，右侧会出现一个 ▶ 按钮，单击该按钮；

❷ 在弹出的下拉列表中选择某个位置选项即可，如下图所示。

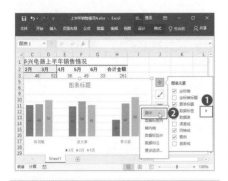

📺 知识拓展

　　选中图表后，切换到【图表工具 / 设计】选项卡，在【图表布局】组中单击【添加图表元素】按钮，在弹出的下拉列表中选择某个元素选项，在弹出的扩展菜单中选择显示位置，该元素即可显示到图表的指定位置。在 Excel 2007、2010 版本中，通过【图表工具 / 设计】选项卡，可对图表元素进行相关操作。

11. 设置图表标题

📇 使用说明

　　在工作表中创建图表后，还可根据需要为图表设置坐标轴标题、图表标题。在设置标题前，要先将该元素显示在图中，再在对应的标题框中输入内容。在 Excel 2013 和 2016 中，默认是将图表标题显示在了图表中，因此可直接输入。

📝 解决方法

　　如果要为图表添加图表标题，具体操作方法如下。

　　打开素材文件（位置：素材文件 \ 第 12 章 \ 上半年销售情况 4.xlsx），选中图表，直接在【图表标题】框中输入标题内容"上半年销售情况"即可，如下图所示。

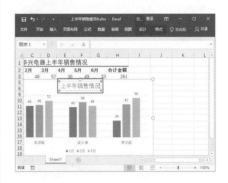

12. 设置饼图的标签值类型

📇 使用说明

　　在饼图类型的图表中，将数据标签显示出来后，默认显示的是具体数值，为了让饼图更加形象直观，可以将数值设置成百分比形式。

📝 解决方法

　　例如，要将数据标签的值设置成百分比形式，具体操作方法如下。

第 1 步： 打开素材文件（位置：素材文件 \ 第 12 章 \ 文具销售统计 .xlsx），❶ 选中图表；❷ 单击【图表工具 / 设计】选项卡下【图表布局】组中的【添加图表元素】下拉按钮；❸ 在弹出的下拉菜单中选择【数据标签】选项；❹ 在弹出的扩展菜单中选择数据标签的位置，本例选择【数据标签内】，如下图所示。

第 2 步： 在添加的数据标签上右击，在弹出的快捷菜单中选择【设置数据标签格式】选项，如下图所示。

📖 **知识拓展**

在选择图表后，在图表旁边会出现【图表元素】按钮➕，单击该按钮，在打开的菜单中将鼠标指针指向【数据标签】选项，单击右侧出现的▶按钮，在弹出的下拉列表中选择【更多选项】选项也可以打开【设置数据标签格式】窗口。使用相同的方法，也可以打开其他图表元素的设置窗格。

第 3 步： ❶ 打开【设置数据标签格式】窗口，默认显示在【标签选项】界面，在【标签包括】栏中勾选【百分比】

复选框，取消勾选【值】复选框；❷ 单击【关闭】按钮 × 关闭该窗口，如下图所示。

第 4 步： 返回工作表中，即可查看到图表中的数据标签以百分比形式进行显示，如下图所示。

13. 在饼图中让接近 0% 的数据隐藏起来

📑 **使用说明**

在制作饼图时，如果其中某个数据本身靠近 0 值，那么在饼图中不会显示色块，但会显示一个 0% 的标签。在操作过程中，即使将这个 0 值标签删除掉，如果再次更改图表中的数据，这个标签又会自动出现，为了使图表更加美观，可通过设置让接近 0% 的数据彻底隐藏起来。

解决方法

如果要在饼图中让接近 0% 的数据隐藏起来，具体操作方法如下。

第 1 步： 打开素材文件（位置：素材文件\第 12 章\文具销售统计 1.xlsx），❶ 选中图表，打开【设置数据标签格式】窗格，在【标签选项】操作界面的【数字】栏的【类别】下拉列表中选择【自定义】选项；❷ 在【格式代码】文本框中输入 "[<0.01]"";0%"；❸ 单击【添加】按钮；❹ 单击【关闭】按钮 × 关闭该窗口，如下图所示。

温馨提示

本例中输入的代码 "[< 0.01]""; 0%"，表示当数值小于 0.01 时不显示。

第 2 步： 返回工作表，可看见图表中接近 0% 的数据自动隐藏起来了，如下图所示。

14. 设置纵坐标的刻度值

使用说明

创建柱形、折线等类型的图表后，在图表左侧会显示纵坐标轴，并根据数据源中的数值显示刻度。根据需要，用户可自定义坐标轴刻度值的大小。

解决方法

如果要设置纵坐标的刻度值，具体操作方法如下。

第 1 步： 打开素材文件（位置：素材文件\第 12 章\上半年销售情况 4.xlsx），❶ 选中图表，在纵坐标轴上右击；❷ 在弹出的快捷菜单中选择【设置坐标轴格式】选项，如下图所示。

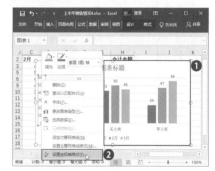

第 2 步： ❶ 在【坐标轴选项】界面中

设置刻度值参数；❷ 单击【关闭】按钮 × 即可，如下图所示。

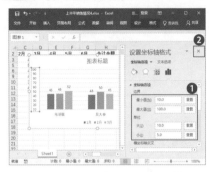

15. 将图表移动到其他工作表中

使用说明

默认情况下，创建的图表会显示在数据源所在的工作表内，根据需要也可以将图表移动到其他工作表中。

解决方法

例如，要将图表移动到新建的"图表"工作表中，具体操作方法如下。

第 1 步： 打开素材文件（位置：素材文件 \ 第 12 章 \ 销售统计表 .xlsx），❶ 选中图表；❷ 单击【图表工具 / 设计】选项卡下【位置】组中的【移动图表】按钮，如下图所示。

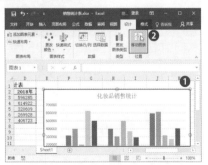

第 2 步： ❶ 弹出【移动图表】对话框，选择图表位置，本例选中【新工作表】单选按钮，并在右侧的文本框中输入新工作表的名称；❷ 单击【确定】按钮，如下图所示。

第 3 步： 通过上述操作后，即可新建一张名为"图表"的工作表，并将图表移动至该工作表中，如下图所示。

16. 隐藏图表

使用说明

创建图表后，有时可能会挡住工作表的数据内容，为了方便操作，可以将图表隐藏起来。

解决方法

如果要将工作表中的图表隐藏起来，具体操作方法如下。

第 1 步： 打开素材文件（位置：素材

文件 \ 第 12 章 \ 销售统计表 .xlsx），❶ 选中图表；❷ 单击【图表工具 / 格式】选项卡下【排列】组中的【选择窗格】按钮，如下图所示。

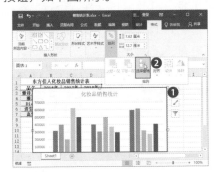

第 2 步： 打开【选择】窗格，单击要隐藏的图表名称右侧的按钮 👁 ，即可隐藏该图表，如下图所示。

17. 切换图表的行列显示方式

使用说明

创建图表后，还可以对图表统计的行列方式进行随意切换，以便用户更好地查看和比较数据。

解决方法

如果要切换图表的行列显示方式，具体操作方法如下。

第 1 步： 打开素材文件（位置：素材文件 \ 第 12 章 \ 销售统计表 .xlsx），❶ 选中图表；❷ 单击【图表工具 / 设计】选项卡【数据】组中的【切换行 / 列】按钮，如下图所示。

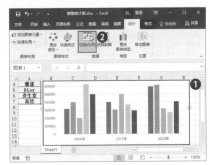

第 2 步： 通过上述操作后，即可切换图表的行列显示方式，如下图所示。

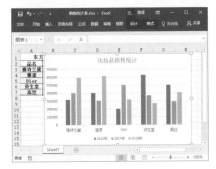

18. 将图表转换为图片

使用说明

创建图表后，如果对数据源中的数据进行了修改，图表也会自动更新，如果不想让图表再做任何更改，可将图表转换为图片。

解决方法

如果要将图表转换为图片，具体

操作方法如下。

第 1 步： 打开素材文件（位置：素材文件 \ 第 12 章 \ 销售统计表 .xlsx），❶ 选中图表；❷ 单击【开始】选项卡下【剪贴板】组中的【复制】按钮 ，如下图所示。

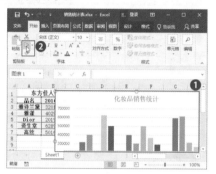

第 2 步： ❶ 新建一张名为"图表"的工作表，并切换到该工作表；❷ 单击【开始】选项卡下【剪贴板】组中的【粘贴】下拉按钮；❸ 在弹出的下拉列表中单击【图片】按钮 即可，如下图所示。

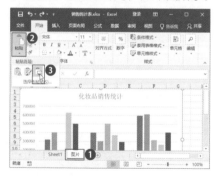

19. 设置图表背景

使用说明

创建图表后，还可对其设置背景，以便让图表更加美观。

解决方法

例如，要为图表设置图片背景，具体操作方法如下。

第 1 步： 打开素材文件（位置：素材文件 \ 第 12 章 \ 销售统计表 .xlsx），右击图表，在弹出的快捷菜单中选择【设置图表区域格式】命令，如下图所示。

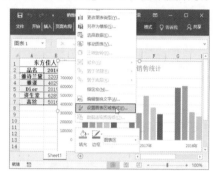

第 2 步： ❶ 打开【设置图表区格式】窗格，在【图表选项】的【填充】界面中，选择【填充】选项将其展开；❷ 选择背景填充方式，本例中选中【图片或纹理填充】单选按钮；❸ 单击【文件】按钮，如下图所示。

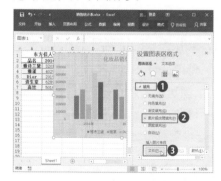

第 3 步： ❶ 弹出【插入图片】对话框，选择需要作为背景的图片；❷ 单击【插

入】按钮，如下图所示。

第 4 步： 操作完成后，即可为图表添加图片背景，如下图所示。

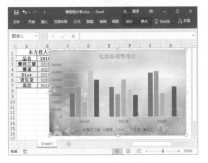

20. 让鼠标指针悬停时不显示数据点的值

使用说明

默认情况下，将鼠标指针悬停在图表的数据点上时，会自动显示数据点的值，如下图所示。

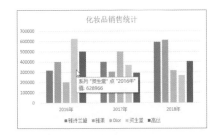

根据操作需要，用户可以通过设置，让鼠标指针悬停时不显示数据点的值。

解决方法

如果要设置鼠标指针悬停时不显示数据点的值，具体操作方法如下。

第 1 步： 打开素材文件（位置：素材文件 \ 第 12 章 \ 销售统计表 .xlsx），❶ 打开【Excel 选项】对话框，在【高级】选项卡的【图表】栏中取消勾选【悬停时显示数据点的值】复选框；❷ 单击【确定】按钮，如下图所示。

第 2 步： 返回工作表，将鼠标指针悬停在图表的数据点上时，仅显示图表元素名称，不再显示数据点的值，如下图所示。

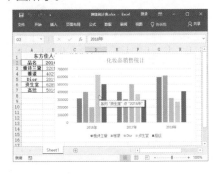

21. 将图表保存为 PDF 文件

使用说明

在工作表中插入图表后，还可将

其单独保存为 PDF 文件，以便管理与查看。

解决方法

如果要将图表保存为 PDF 文件，具体操作方法如下。

第 1 步： 打开素材文件（位置：素材文件 \ 第 12 章 \ 销售统计表 .xlsx），❶ 选中图表，打开【另存为】对话框，设置保存路径和文件名，然后在【保存类型】下拉列表中选择【PDF (*.pdf)】选项；❷ 单击【保存】按钮，如下图所示。

第 2 步： 通过上述操作后，打开保存的 PDF 文件，可以看见其中只有图表内容，如下图所示。

温馨提示

默认情况下，【另存为】对话框中的【发布后打开文件】复选框为勾选状态，因此成功将图表保存为 PDF 文件后，系统会自动打开该 PDF 文件。

22. 制作可以选择的动态数据图表

使用说明

在编辑工作表时，先为单元格定义名称，再通过名称为图表设置数据源，可制作动态的数据图表。

解决方法

如果要制作可以选择的动态数据图表，具体操作方法如下。

第 1 步： 打开素材文件（位置：素材文件 \ 第 12 章 \ 笔记本销量 .xlsx），❶ 选中 A1 单元格；❷ 单击【公式】选项卡下【定义的名称】组中的【名称管理器】按钮，如下图所示。

第 2 步： 弹出【名称管理器】对话框，单击【新建】按钮，如下图所示。

置参数为【=OFFSET(Sheet1!$B$1,1,0, COUNT(Sheet1!$B:$B))】；❹ 单击【确定】按钮，如下图所示。

第 3 步： ❶ 弹出【新建名称】对话框，在【名称】文本框中输入"时间"；❷ 在【范围】下拉列表中选择【Sheet 1】选项；❸ 在【引用位置】参数框中设置参数为【=Sheet1!$A$2:$A$13】；❹ 单击【确定】按钮，如下图所示。

第 6 步： 返回【名称管理器】对话框，在列表框中可看见新建的所有名称，单击【关闭】按钮，如下图所示。

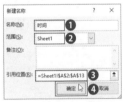

第 4 步： 返回【名称管理器】对话框，单击【新建】按钮，如下图所示。

第 7 步： ❶ 返回工作表，选中数据区域中的任意单元格，单击【插入】选项卡下【图表】组中的【插入柱形图和条形图】下拉按钮 ；❷ 在弹出的下拉列表中选择需要的柱形图样式，如下图所示。

第 5 步： ❶ 弹出【新建名称】对话框，在【名称】文本框中输入"销量"；❷ 在【范围】下拉列表中选择【Sheet 1】选项；❸ 在【引用位置】参数框中设

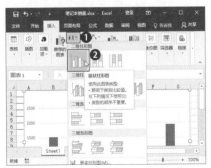

第 8 步：❶ 选中图表；❷ 单击【图表工具/设计】选项卡下【数据】组中的【选择数据】按钮，如下图所示。

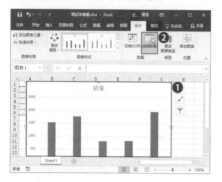

第 9 步：弹出【选择数据源】对话框，在【图例项（系列）】栏中单击【编辑】按钮，如下图所示。

第 10 步：❶ 弹出【编辑数据系列】对话框，在【系列值】参数框中将参数设置为【=Sheet1! 销量】；❷ 单击【确定】按钮，如下图所示。

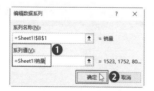

第 11 步：返回【选择数据源】对话框，在【水平（分类）轴标签】栏中单击【编辑】按钮，如下图所示。

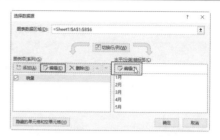

第 12 步：❶ 弹出【轴标签】对话框，在【轴标签区域】参数框中将参数设置为【=Sheet1! 时间】；❷ 单击【确定】按钮，如下图所示。

第 13 步：返回【选择数据源】对话框，单击【确定】按钮，如下图所示。

第 14 步：返回工作表，分别在 A7、B7 单元格中输入内容，图表将自动添加相应的内容，如下图所示。

23. 设置条件变色的数据标签

使用说明

条件变色的数据标签，就是根据一定的条件，将各个数据标签的文字显示为不同的颜色，以便区分和查看图表中的数据。

解决方法

例如，要将数据标签设置成小于 1000 的数字显示为带括号的蓝色文字，大于 1500 的数字显示为红色数字，在 1000~1500 之间的数字则显示为默认的黑色，具体操作方法如下。

第 1 步： 打开素材文件（位置：素材文件 \ 第 12 章 \ 笔记本销量 1.xlsx），❶ 打开【设置数据标签格式】对话框，在【标签选项】操作界面的【数字】栏的【类别】下拉列表中选择【自定义】选项；❷ 在【格式代码】文本框中输入"[蓝色][<1000](0);[红色][>1500]0;0"；❸ 单击【添加】按钮；❹ 单击【关闭】按钮 × 关闭该窗口，如下图所示。

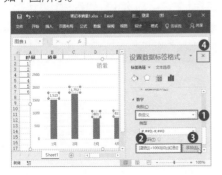

第 2 步： 返回工作表，可看见图表中

的数据标签将根据设定的条件自动显示为不同的颜色，如下图所示。

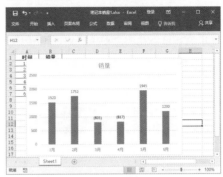

12.2 添加辅助线分析数据

用户想要分析图表中显示的数据时，可以利用 Excel 的分析功能，在二维堆积图、柱形图、折线图

扫一扫，看视频

等类型的图表中添加分析线，如趋势线、误差线、折线等。接下来就讲解这些辅助线的操作方法。

1. 突出显示折线图表中的最大值和最小值

使用说明

为了让图表数据更加清楚明了，可以设置在图表中突出显示最大值和最小值。

解决方法

如果要在折线类型的图表中突出显示最大值和最小值，具体操作方法如下。

第 1 步： 打开素材文件（位置：素材文件 \ 第 12 章 \ 员工培训成绩表 .xlsx），

在工作表中创建两个辅助列，并将标题命名为【最高分】和【最低分】。选中要存放结果的 C3 单元格，输入公式"=IF(B3=MAX($B$3:$B$11),B3,NA())"，按下【Enter】键得出计算结果，利用填充功能向下复制公式，如下图所示。

第2步： 选中 D3 单元格，输入公式"=IF(B3=MIN($B$3:$B$11),B3,NA())"，按下【Enter】键得出计算结果，利用填充功能向下复制公式，如下图所示。

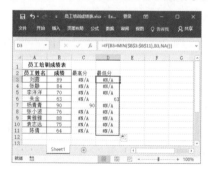

第3步： ❶ 选中整个数据区域；❷ 单击【插入】选项卡下【插图】组中的【插入折线图或面积图】下拉按钮 ；❸ 在弹出的下拉列表中选择【带数据标记的折线图】选项，如下图所示。

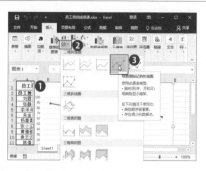

第4步： ❶ 在图表中选中最高数值点；❷ 单击【图表元素】按钮 ；❸ 在弹出的【图表元素】窗格中勾选【数据标签】复选框，单击右侧的 ▶ 按钮；❹ 在弹出的扩展菜单中选择【更多选项】命令，如下图所示。

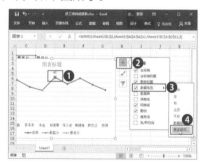

第5步： ❶ 打开【设置数据标签格式】窗口，在【标签选项】界面的【标签包括】栏中，勾选【系列名称】复选框；❷ 单击【关闭】按钮 ，如下图所示。

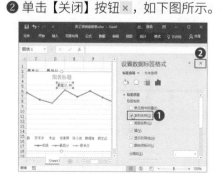

第 6 步：参照上述操作方法，将最低数值点的数据标签在下方显示出来，并显示出系列名称，如下图所示。

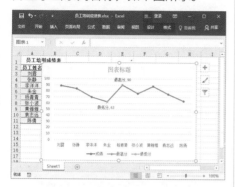

2. 在图表中添加趋势线

使用说明

创建图表后，为了能更加直观地对系列中的数据变化趋势进行分析与预测，我们可以为数据系列添加趋势线。

解决方法

如果要为数据系列添加趋势线，具体操作方法如下。

第 1 步：打开素材文件（位置：素材文件 \ 第 12 章 \ 销售统计表 .xlsx），❶ 选中图表；❷ 单击【图表工具 / 设计】选项卡下【图表布局】组中的【添加图表元素】下拉按钮；❸ 在弹出的下拉菜单中选择【趋势线】选项；❹ 在弹出的扩展菜单中选择趋势线类型，本例选择【线性】，如下图所示。

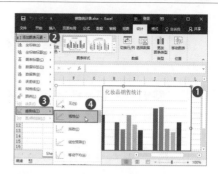

第 2 步：❶ 弹出【添加趋势线】对话框，在列表中选择要添加趋势线的系列，本例中选择【雅漾】；❷ 单击【确定】按钮，如下图所示。

第 3 步：返回工作表中，即可查看到趋势线已经添加，如下图所示。

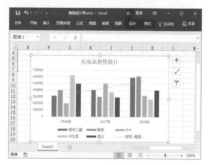

3. 更改趋势线类型

使用说明

添加趋势线后，还可根据操作需要，更改趋势线的类型。

🔍 解决方法

如果要更改趋势线的类型，具体操作方法如下。

第 1 步： ❶ 打开素材文件（位置：素材文件＼第 12 章＼销售统计表 1.xlsx），选中要更改的趋势线；❷ 单击【图表元素】按钮 ➕；❸ 在弹出的【图表元素】窗格中单击【趋势线】右侧的 ▶ 按钮；❹ 在弹出的扩展菜单中选择需要更改的趋势线类型，本例选择【线性预测】，如下图所示。

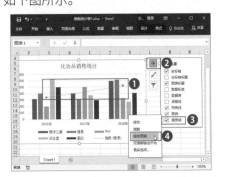

第 2 步： 返回工作表，可查看设置后的效果，如下图所示。

4. 为图表添加误差线

📑 使用说明

误差线通常用于统计或科学记数

法数据中，以显示相对序列中的每个数据标记的潜在误差或不确定度。

🔍 解决方法

如果要为数据系列添加误差线，具体操作方法如下。

打开素材文件（位置：素材文件＼第 12 章＼销售统计表 .xlsx），❶ 选中要添加误差线的数据系列；❷ 打开【图表元素】窗格，勾选【误差线】复选框即可，如下图所示。

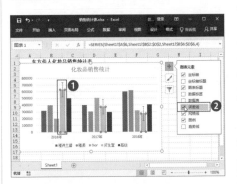

> 💡 **温馨提示**
>
> 如果要为所有数据系列添加误差线，则直接选择图表，再执行添加误差线的操作即可。

5. 更改误差线类型

📑 使用说明

添加误差线后，还可根据操作需要，更改误差线的类型。

🔍 解决方法

如果要将数据系列的误差线类型更改为【负偏差】，具体操作方法如下。

第1步： 打开素材文件（位置：素材文件 \ 第 12 章 \ 销售统计表 1.xlsx），选中误差线，打开【设置误差线格式】窗格。

第2步： ❶ 在【误差线选项】界面中选择需要的误差线类型，本例中选择【负偏差】；❷ 单击【关闭】按钮，如下图所示。

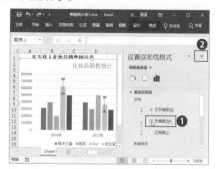

第3步： 返回工作表，即可查看设置后的效果，如下图所示。

6.为图表添加折线

使用说明

为了辅助用户更加清晰地分析图表数据，可以为图表添加折线，折线包括系列线、垂直线和高低点连线，不同的图表类型可以添加不同的折线。

- 系列线：连接不同数据系列之间的折线，一般用于二维堆积条形图、二维堆积柱形图、复合饼图、复合条饼图等。
- 垂直线：连接水平轴与数据系列之间的折线，一般用于面积图、折线图等。
- 高低点连线：连接不同数据系列的对应数据点之间的折线，一般在包含两个或两个以上的数据系列的二维折线图中显示。

解决方法

下面，先创建一个堆积柱形图，再添加系列线，具体操作方法如下。

第1步： 打开素材文件（位置：素材文件 \ 第 12 章 \ 销售业绩 .xlsx），选中数据区域 A2:D10，插入堆积柱形图，插入图表后的效果如下图所示。

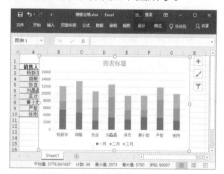

第2步： ❶ 选中图表；❷ 在【图表工具 / 设计】选项卡的【图表布局】组中单击【添加图表元素】下拉按钮；❸ 在弹出的下拉列表中选择【线条】命令；❹ 在弹出的扩展菜单中

选择【系列线】选项即可，如下图
所示。

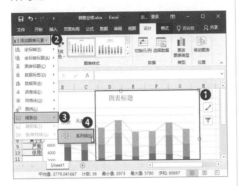

7. 在图表中添加涨 / 跌柱线

使用说明

　　双变量变化趋势折线图可以看出
彼此独立的变化趋势，如果想要得到
两个变量之间的相关性，就需要使用
到涨 / 跌柱线。

解决方法

　　如果在图表中添加涨 / 跌柱线，
具体操作方法如下。

第 1 步： 打开素材文件（位置：素材
文件 \ 第 12 章 \ 销售统计表 2.xlsx），
❶ 选中图表；❷ 在【图表工具 / 设计】
选项卡的【图表布局】组中单击【添
加图表元素】下拉按钮；❸ 在弹出的
下拉列表中选择【涨 / 跌柱线】命令；
❹ 在弹出的扩展菜单中选择【涨 / 跌
柱线】选项即可，如下图所示。

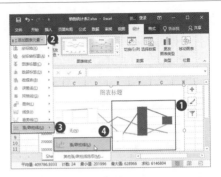

第 2 步： 图表中即可添加涨 / 跌柱线，
白柱线表示涨柱，黑柱表示跌柱，如
下图所示。

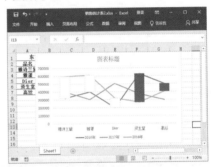

8. 改变涨柱和跌柱的位置

使用说明

　　在图表中添加涨 / 跌柱线后，通
过调整涨 / 跌柱线的参照数据系列的
次序，可以改变涨柱和跌柱的位置。

解决方法

　　如果要为添加的涨 / 跌柱线调整涨
柱和跌柱的位置，具体操作方法如下。

第 1 步： 打开素材文件（位置：素材
文件 \ 第 12 章 \ 销售统计表 3.xlsx），
❶ 选中图表；❷ 在【图表工具 / 设计】
选项卡的【数据】组中单击【选择数据】

按钮，如下图所示。

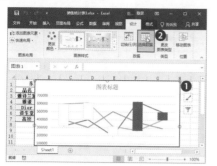

第 2 步： ❶ 弹出【选择数据源】对话框，在【图例项（系列）】栏中的列表框中选择某个数据系列，如【2017】；❷ 单击【上移】按钮 ▲ 或【下移】按钮 ▼ 调整顺序，如单击【上移】按钮 ▲，如下图所示。

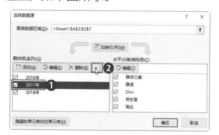

第 3 步： 数据系列【2017】即可向上调整一个位置，单击【确定】按钮，如下图所示。

第 4 步： 返回工作表，可发现涨柱和跌柱的位置发生了改变，如下图所示。

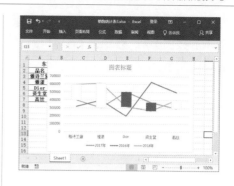

9. 在图表中筛选数据

使用说明

　　创建图表后，我们还可以通过图表筛选器功能对图表数据进行筛选，将需要查看的数据筛选出来，从而帮助用户更好地查看与分析数据。

解决方法

　　如果要在图表中筛选数据，具体操作方法如下。

第 1 步： 打开素材文件（位置：素材文件 \ 第 12 章 \ 销售统计表 .xlsx），❶ 选中图表；❷ 单击右侧的【图表筛选器】按钮 ▼，如下图所示。

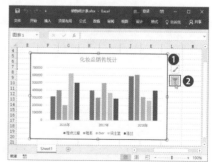

第 2 步： ❶ 打开筛选窗格，在【数值】界面的【系列】栏中，勾选要显示的

数据系列；❷ 在【类别】栏中勾选要
显示的数据类别；❸ 单击【应用】按钮，
如下图所示。

第 3 步： 返回工作表即可查看到筛选
后的数据，如下图所示。

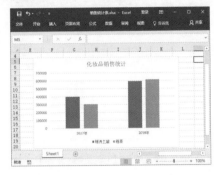

第 13 章

数据透视表与数据透视图的应用技巧

在 Excel 中，数据透视表和数据透视图是具有强大分析功能的工具。当表格中有大量数据时，利用数据透视表和数据透视图可以更加直观地查看数据，并且能够方便地对数据进行对比和分析。本章将介绍一些数据透视表和数据透视图的实用操作技巧。

下面，来看看以下一些数据透视表和数据透视图的应用技巧，你是否会处理或已掌握。

✓ 每次创建了数据透视表之后都需要再添加内容和格式，可不可以创建一个带有内容和格式的数据透视表呢？

✓ 创建了数据透视表之后，能不能在数据透视表中筛选数据？

✓ 如果数据源中的数据发生了改变，数据透视表中的数据能不能随之更改？

✓ 使用切片器筛选数据方便又简单，如何将切片器插入到数据透视表中？

✓ 为了更直观地查看数据，能否使用数据透视表中的数据创建数据透视图？

✓ 创建了数据透视图后，能否在数据透视图中筛选数据？

希望通过本章内容的学习，能帮助你解决以上问题，并学会 Excel 数据透视表和数据透视图的应用技巧。

13.1 数据透视表的应用技巧

数据透视表可以从数据库中产生一个动态汇总表格，从而可以快速对工作表中的大量数据进行分类汇总分析。下面介绍数据透视表的相关操作技巧。

1. 快速创建数据透视表

📋 使用说明

数据透视表具有强大的交互性，通过简单的布局改变，可以全方位、多角度、动态地统计和分析数据，并从大量数据中提取有用信息。

数据透视表的创建是一项非常简单的操作，只需连接到一个数据源，并输入报表的位置即可。

📋 解决方法

如果要在工作表中创建数据透视表，具体操作方法如下。

第1步： ❶ 打开素材文件（位置：素材文件 \ 第13章 \ 销售业绩表 .xlsx），选中要作为数据透视表数据源的单元格区域；❷ 单击【插入】选项卡下【表格】组中的【数据透视表】按钮，如下图所示。

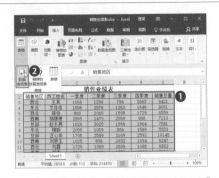

第2步： ❶ 弹出【创建数据透视表】对话框，此时在【请选择要分析的数据】栏中自动选中【选择一个表或区域】单选按钮，且在【表/区域】参数框中自动设置了数据源；❷ 在【选择放置数据透视表的位置】栏中选中【现有工作表】单选按钮，在【位置】参数框中设置放置数据透视表的起始单元格；❸ 单击【确定】按钮，如下图所示。

📋 知识拓展

在 Excel 2007、2010 中创建数据透视表的方法略有不同。选择数据区域后，切换到【插入】选项卡，在【表格】组中单击【数据透视表】按钮下方的下拉按钮，在弹出的下拉列表中选择【数据透视表】

选项，在接下来弹出的【创建数据透视表】对话框中进行设置即可。

第 3 步： 目标位置将自动创建一个空白数据透视表，并自动打开【数据透视表字段】窗格，如下图所示。

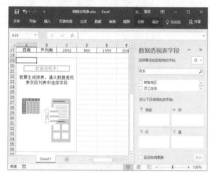

第 4 步： 在【数据透视表字段】窗格的【选择要添加到报表的字段】列表框中，勾选某字段名称的复选框，所选字段名称会自动添加到【在以下区域间拖动字段】栏中相应的位置，同时数据透视表中也会添加相应的字段名称和内容，如下图所示。

第 5 步： 在数据透视表以外单击任意空白单元格，可退出数据透视表的编辑状态，如下图所示。

2. 创建带有内容、格式的数据透视表

📖 使用说明

通过上述操作方法，只能创建空白的数据透视表。根据操作需要，还可以直接创建带有内容、格式的数据透视表。

📋 解决方法

如果要创建带内容、格式的数据透视表，具体操作方法如下。

第 1 步： 打开素材文件（位置：素材文件\第13章\销售业绩表.xlsx），❶选中要作为数据透视表数据源的单元格区域；❷单击【插入】选项卡下【表格】组中的【推荐的数据透视表】按钮，如下图所示。

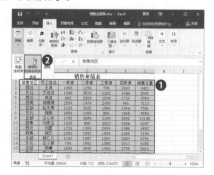

第 2 步： ❶ 弹出【推荐的数据透视表】对话框，在左侧窗格中选择某个透视表样式后，右侧窗格中可以预览透视表效果；❷ 单击【确定】按钮，如下图所示。

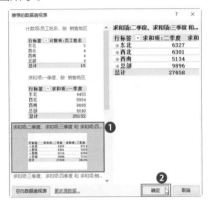

第 3 步： 操作完成后，即可新建一个工作表并在该工作表中创建数据透视表，如下图所示。

3. 重命名数据透视表

使用说明

默认情况下，数据透视表以"数据透视表 1""数据透视表 2"……的形式自动命名，根据操作需要，用户可对其进行重命名操作。

解决方法

如果要对数据透视表进行重命名操作，具体操作方法如下。

❶ 选中数据透视表中的任意单元格；❷ 在【数据透视表工具 / 分析】选项卡下【数据透视表】组的【数据透视表名称】文本框中直接输入新名称即可，如下图所示。

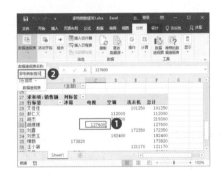

4. 更改数据透视表的数据源

使用说明

创建数据透视表后，还可根据需要更改数据透视表中的数据源。

解决方法

如果要对数据透视表的数据源进行更改，具体操作方法如下。

第 1 步： 打开素材文件（位置：素材文件 \ 第 13 章 \ 销售业绩表 1.xlsx），❶ 选中数据透视表中的任意单元格；❷ 单击【数据透视工具 / 分析】选项卡下【数据】组中的【更改数据源】下拉按钮；❸ 在弹出的下拉列表中选择【更改数据源】选项，如下图所示。

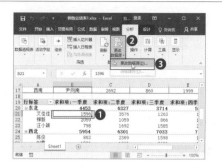

第 2 步：❶ 弹出【更改数据透视表数据源】对话框，在【表 / 区域】参数框中设置新的数据源；❷ 单击【确定】按钮即可，如下图所示。

5. 添加或删除数据透视表字段

📋 使用说明

创建数据透视表后，还可根据需要添加和删除数据透视表字段。

📋 解决方法

如果要添加和删除数据透视表字段，具体操作方法如下。

打开素材文件（位置：素材文件 \ 第 13 章 \ 销售业绩表 1.xlsx），❶

选中数据透视表中的任意单元格；❷在【数据透视表字段】窗格的【选择要添加到报表的字段】列表框中，勾选需要添加的字段复选框即可添加字段，取消勾选需要删除的字段复选框即可删除字段，如下图所示。

6. 查看数据透视表中的明细数据

📋 使用说明

创建的数据透视表将直接对数据进行汇总，但在查看数据时，有时希望查看某一项的明细数据，该如何实现呢？

📋 解决方法

如果要查看数据透视表中的明细数据，具体操作方法如下。

第 1 步： 打开素材文件（位置：素材文件 \ 第 13 章 \ 销售业绩表 1.xlsx），❶ 选择要查看明细数据的项目，右击；❷ 在弹出的快捷菜单中选择【显示详细信息】命令，如下图所示。

第 2 步： 自动新建一张新工作表，并在其中显示选择项目的全部详细信息，如下图所示。

7. 更改数据透视表字段位置

使用说明

创建数据透视表后，当添加需要显示的字段时，系统会自动指定它们的归属（即放置到行或列）。

根据操作需要，我们可以调整字段的放置位置，如指定放置到行、列或报表筛选器。需要解释的是，报表筛选器就是一种大的分类依据和筛选条件，将一些字段放置到报表筛选器，可以更加方便地查看数据。

解决方法

创建数据透视表后如果要调整字段位置，具体操作方法如下。

第 1 步： 打开素材文件（位置：素材文件 \ 第 13 章 \ 家电销售情况 .xlsx），选中数据区域后，创建数据透视表，并显示字段【销售人员】、【商品类别】、【品牌】、【销售额】，如下图所示。

第 2 步： ❶ 创建好透视表后，我们会发现表格数据非常凌乱，此时就需要调整字段位置了。在【数据透视表字段】窗格的【选择要添加到报表的字段】列表框中右击【商品类别】字段选项；❷ 在弹出的快捷菜单中选择【添加到列标签】选项，如下图所示。

第3步: ❶ 右击【品牌】字段选项; ❷ 在弹出的快捷菜单中选择【添加到报表筛选】选项,如下图所示。

第4步: 通过上述操作,数据透视表中的数据变得清晰明了,如下图所示。

8. 在数据透视表中筛选数据

使用说明

创建好数据透视表后,还可以通过筛选功能筛选出需要查看的数据。

解决方法

如果要在数据透视表中筛选数据,具体操作方法如下。

第1步: 打开素材文件(位置: 素材文件\第13章\家电销售情况1.xlsx),❶ 单击【品牌】右侧的下拉按钮; ❷ 在弹出的下拉列表中选择要筛选的品

牌,如【海尔】; ❸ 单击【确定】按钮,如下图所示。

第2步: 此时,数据透视表中将只显示品牌为【海尔】的销售情况,如下图所示。

温馨提示

先在下拉列表中勾选【选择多项】复选框,下拉列表中的选项会变成复选项,此时用户可以勾选多个条件。

9. 更改数据透视表的汇总方式

使用说明

默认情况下,数据透视表中的数值是按照求和方式进行汇总。根据需要,可以指定数值的汇总方式,如计算平均值、最大值、最小值等。

📑 **解决方法**

例如，在数据透视表中，希望对数值以求平均值方式进行汇总，具体操作方法如下。

第1步： 打开素材文件（位置：素材文件\第13章\家电销售情况1.xlsx），❶ 在数据透视表中，选择要更改汇总方式列的任意单元格；❷ 单击【数据透视表工具/分析】选项卡下【活动字段】组中的【字段设置】按钮，如下图所示。

第2步： ❶ 弹出【值字段设置】对话框，在【计算类型】列表框中选择汇总方式，本例中选择【平均值】；❷ 单击【确定】按钮，如下图所示。

第3步： 返回工作表，该字段的数值即可以求平均值方式进行汇总，如下图所示。

10. 利用多个数据源创建数据透视表

📖 **使用说明**

通常情况下，用于创建数据透视表的数据源是一张数据列表，但在实际工作中，有时需要利用多张数据列表作为数据源来创建数据透视表，这时便可通过【多重合并计算数据区域】功能创建数据透视表。

📑 **解决方法**

例如，在"员工工资汇总表.xlsx"中，包含了"4月""5月"和"6月"三张工作表，并记录了工资支出情况，如下图所示。

员工姓名	部门	岗位工资	绩效工资	生活补助	医保扣款	实发工资
孙志峻	行政部	3500	1269	800	650	4919
姜怜映	研发部	5000	1383	800	650	6533
田鹏	财务部	3800	1157	800	650	5107
夏巍	行政部	3500	1109	800	650	4759
周涛绍	研发部	3800	1251	800	650	5201
吕瑾轩	行政部	5000	1015	800	650	6165
胡鹏	研发部	3800	1395	800	650	5045
楮萱紫	财务部	4500	1134	800	650	5784
孔瑶	行政部	3800	1231	800	650	5181
楮瑾涛	研发部	4500	1022	800	650	5672

4月　5月　6月

员工姓名	部门	岗位工资	绩效工资	生活补助	医保扣款	实发工资
孙志峻	行政部	3500	949	800	650	4599
姜怜映	研发部	5000	844	800	650	5994
田鹏	财务部	3800	964	800	650	4914
夏巍	行政部	3500	1198	800	650	4848
周涛绍	研发部	3800	978	800	650	4928
吕瑾轩	行政部	5000	949	800	650	6099
胡鹏	研发部	3800	914	800	650	4564
楮萱紫	财务部	4500	871	800	650	5521
孔瑶	行政部	3800	1239	800	650	5189
楮瑾涛	研发部	4500	1135	800	650	5785

4月　5月　6月

现在要根据这三张工作表中的数据，创建一个数据透视表，具体操作方法如下。

第 1 步： 打开素材文件（位置：素材文件\第13章\员工工资汇总表.xlsx），❶ 在任意一张工作表中（如"4月"）依次按下【Alt+D+P】组合键，弹出【数据透视表和数据透视图向导 -- 步骤 1（共 3 步）】对话框，选中【多重合并计算数据区域】和【数据透视表】单选按钮；❷ 单击【下一步】按钮，如下图所示。

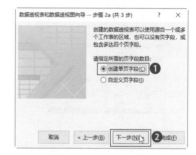

知识拓展

若需经常使用【数据透视表和数据透视图向导】对话框来创建数据透视表，可以将相应的按钮添加到快速访问工具栏，方法为打开【Excel 选项】对话框，

切换到【快速访问工具栏】选项卡，【在从下列位置选择命令】下拉列表中选择【不在功能区中的命令】选项，在列表框中找到【数据透视表和数据透视图向导】命令进行添加即可。

第 2 步： ❶ 弹出【数据透视表和数据透视图向导 -- 步骤 2a（共 3 步）】对话框，选中【创建单页字段】单选按钮；❷ 单击【下一步】按钮，如下图所示。

第 3 步： ❶ 弹出【数据透视表和数据透视图向导 - 第 2b 步，共 3 步】对话框，在【选定区域】参数框中，选择"4月"工作表中的数据区域作为数据源；❷ 单击【添加】按钮，如下图所示。

第 4 步： 所选数据区域添加到了【所有区域】列表框中，如下图所示。

第5步: ❶ 使用相同的方法，将"5月"和"6月"工作表中的数据列表区域添加到【所有区域】列表框中；❷ 单击【下一步】按钮，如下图所示。

第6步: ❶ 弹出【数据透视表和数据透视图向导--步骤3（共3步）】对话框，选中【新工作表】单选按钮；❷ 单击【完成】按钮，如下图所示。

第7步: 系统将自动新建一张名为"Sheet 1"的工作表，并根据"4月""5月"和"6月"工作表中的数据列表创建数据透视表，此时值字段以计数方式进行汇总，如下图所示。

第8步: ❶ 在【数据透视表字段】窗格中的【值】区域中，单击【计数项: 值】字段；❷ 在弹出的下拉列表中选择【值字段设置】选项，如下图所示。

第9步: ❶ 弹出【值字段设置】对话框，在【值汇总方式】选项卡的【计算类型】列表框中选择【求和】选项；❷ 单击【确定】按钮，如下图所示。

第10步: ❶ 单击【列标签】右侧的

下拉按钮；❷ 在弹出的下拉列表中设置要进行汇总的项目；❸ 单击【确定】按钮，如下图所示。

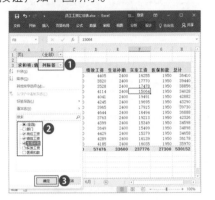

第 11 步： 通过上述操作后，最终效果如下图所示。

11. 更新数据透视表中的数据

使用说明

默认情况下，创建数据透视表后，若对数据源中的数据进行了修改，数据透视表中的数据不会自动更新，此时就需要手动更新。

解决方法

例如，在工作表中对数据源中的数据进行修改，然后更新数据透视表

中的数据，具体操作方法如下。

第 1 步： 打开素材文件（位置：素材文件\第13章\销售业绩表1.xlsx），❶对一季度的销售量进行修改，然后选中数据透视表中的任意单元格；❷ 在【数据透视表工具 / 分析】选项卡的【数据】组中单击【刷新】下拉按钮；❸在弹出的下拉列表中选择【全部刷新】选项，如下图所示。

第 2 步： 数据透视表中的数据即可实现更新，如下图所示。

温馨提示

在数据透视表中，右击任意一个单元格，在弹出的快捷菜单中选择【刷新】命令，也可实现更新操作。对数据透视表进行刷新操作时，在【数据】组中单击【刷新】下拉按钮后，在弹出的下拉列表中有

【刷新】和【全部刷新】两个选项，其中【刷新】选项只是对当前数据透视表的数据进行更新，【全部刷新】选项则是对工作簿中所有数据透视表的数据进行更新。

12. 对数据透视表中的数据进行排序

使用说明

创建数据透视表后，还可对相关数据进行排序，从而帮助用户更加清晰地分析和查看数据。

解决方法

如果要对数据透视表中的数据进行排序，具体操作方法如下。

第1步： 打开素材文件（位置：素材文件\第13章\销售业绩表1.xlsx），❶ 选中要排序列中的任意单元格，如【一季度】列中的任意单元格，右击；❷ 在弹出的快捷菜单中选择【排序】命令；❸ 在弹出的扩展菜单中选择【降序】命令，如下图所示。

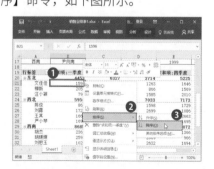

第2步： 此时，表格数据将以【一季度】为关键字，进行降序排序，如下图所示。

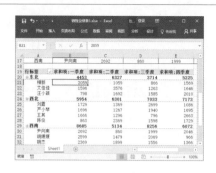

13. 在数据透视表中显示各数占总和的百分比

使用说明

在数据透视表中，如果希望显示各数据占总和的百分比，则需要更改数据透视表的值显示方式。

解决方法

如果要在数据透视表中显示各数占总和的百分比，具体操作方法如下。

第1步： 打开素材文件（位置：素材文件\第13章\销售业绩表2.xlsx），选中【销售总量】列中的任意单元格，打开【值字段设置】对话框。

第2步： ❶ 在【值显示方式】选项卡的【值显示方式】下拉列表中选择需要的百分比形式，如【总计的百分比】；❷ 单击【确定】按钮，如下图所示。

第 3 步： 返回数据透视表，即可看到该列中各数占总和百分比的结果，如下图所示。

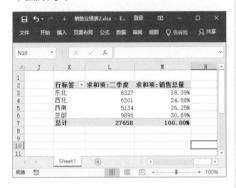

14. 让数据透视表中的空白单元格显示为 0

使用说明

默认情况下，当数据透视表单元格中没有值时会显示为空白，如果希望空白单元格显示为 0，则需要进行设置。

解决方法

如果要让数据透视表中的空白单元格显示为 0，具体操作方法如下。

第 1 步： 打开素材文件（位置：素材文件 \ 第 13 章 \ 家电销售情况 1.xlsx），❶ 在任意数据透视表单元格上右击；❷ 在弹出的快捷菜单中选择【数据透视表选项】命令，如下图所示。

第 2 步： ❶ 打开【数据透视表选项】对话框，在【布局和格式】选项卡的【格式】栏中勾选【对于空单元格，显示】复选框，在文本框中输入 0；❷ 单击【确定】按钮，如下图所示。

第 3 步： 返回数据透视表，即可查看到空白单元格显示为 0，如下图所示。

15. 隐藏数据透视表中的计算错误

使用说明

创建数据透视表时，如果数据源中有计算错误的值，那么数据透视表中也会显示错误值，如下图所示。

	F	G	H	I
1	行标签	求和项:加工数量	求和项:加工费	求和项:加工单价
2	ANJ008	3378	264675	78.35
3	MUINU8225	2248	140428	62.47
4	NMI6222		167111	#DIV/0!
5	OKLDM5632	2487	197868	79.56
6	QIN9552	2463	207932	84.42
7	YEN56	1374	176711	128.61
8	YNMO7168	3319	181903	54.81
9	总计	15269	1336628	#DIV/0!

为了不影响数据透视表美观，可以通过设置隐藏错误值。

解决方法

如果要将错误值隐藏起来，具体操作方法如下。

第1步： 打开素材文件（位置：素材文件 \ 第 13 章 \ 货物加工费用 .xlsx），选中数据透视表中的任意单元格，打开【数据透视表选项】对话框。

第2步： ❶ 在【布局和格式】选项卡的【格式】栏中勾选【对错误值，显示】复选框，在右侧输入需要显示的字符，如"/"；❷ 单击【确定】按钮，如下图所示。

第3步： 返回数据透视表，可看到错误值显示为"/"，如下图所示。

16. 将二维表格转换为数据列表

使用说明

在 Excel 的应用中，通过【数据透视表和数据透视图向导】对话框，还可以将二维表格转换为数据列表（一维表格），以便更好地查看、分析数据。

解决方法

例如，"奶粉销量统计表 .xlsx"是某母婴店的奶粉销售情况，如下图所示。

			奶粉销量统计表			
	A	B	C	D	E	F	G
1				奶粉销量统计表			
2	月份	喜宝	爱他美	美素	牛栏	美赞臣	雅培
3	一月	998	977	543	852	834	542
4	二月	604	811	949	545	593	508
5	三月	968	868	623	765	795	916
6	四月	860	990	999	728	647	930
7	五月	835	767	634	506	808	790
8	六月	511	661	917	666	637	943
9	七月	507	616	668	748	826	972
10	八月	948	536	782	744	927	563
11	九月	788	673	590	906	928	747
12	十月	827	765	806	897	740	832
13	十一月	508	854	619	701	524	940
14	十二月	861	751	744	692	526	809

现在要通过【数据透视表和数据透视图向导】对话框，将表格转换成数据列表，具体操作方法如下。

第 1 步：打开素材文件（位置：素材文件\第13章\奶粉销量统计表.xlsx），❶ 按下【Alt+D+P】组合键，弹出【数据透视表和数据透视图向导 -- 步骤 1（共 3 步）】对话框，选中【多重合并计算数据区域】和【数据透视表】单选按钮；❷ 单击【下一步】按钮，如下图所示。

第 2 步：❶ 弹出【数据透视表和数据透视图向导 -- 步骤 2a（共 3 步）】对话框，选中【自定义页字段】单选按钮；❷ 单击【下一步】按钮，如下图所示。

第 3 步：❶ 弹出【数据透视表和数据透视图向导 -- 第 2b 步，共 3 步】对话框，将数据源中的数据区域添加到【所有区域】列表框中；❷ 选中【0】单选按钮，表示指定要建立的页字段数目为 0；❸ 单击【下一步】按钮，如下图所示。

第 4 步：❶ 弹出【数据透视表和数据透视图向导 -- 步骤 3（共 3 步）】对话框，选中【新工作表】单选按钮；❷ 单击【完成】按钮，如下图所示。

第 5 步：返回工作表，即可看到新建

的"Sheet 2"工作表中创建了一个不含页字段的数据透视表，在数据透视表中双击行、列总计的交叉单元格，本例为 H17 单元格，如下图所示。

第 6 步：Excel 将新建一张"Sheet 3"工作表，并在其中显示明细数据。至此，Excel 完成了表格的转换，如下图所示。

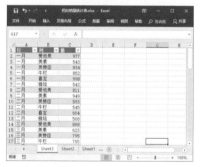

17. 显示报表筛选页

📖 使用说明

在创建透视表时，如果在报表筛选器中设置有字段，则可以通过报表筛选页功能显示各数据子集的详细信息，以方便用户对数据的管理与分析。

📄 解决方法

如果要显示报表的筛选页，具体

操作方法如下。

第 1 步：打开素材文件（位置：素材文件\第 13 章\家电销售情况 1.xlsx），❶ 选中数据透视表中的任意单元格；❷ 在【数据透视表工具 / 分析】选项卡的【数据透视表】组中单击【选项】下拉按钮；❸ 在弹出的下拉列表中选择【显示报表筛选页】选项，如下图所示。

第 2 步：❶ 弹出【显示报表筛选页】对话框，在【选定要显示的报表筛选页字段】列表框中选择筛选字段选项，本例选择【品牌】选项；❷ 单击【确定】按钮，如下图所示。

第 3 步：返回工作表，将自动以各品牌为名称新建工作表，并显示相应的销售明细，如切换到【美的】工作表，可查看美的的销售情况，如下图所示。

18. 在每个项目之间添加空白行

使用说明

创建数据透视表之后，有时为了使层次更加清晰明了，可在各个项目之间使用空行进行分隔。

解决方法

如果要在每个项目之间添加空白行，具体操作方法如下。

第 1 步： ❶ 打开素材文件（位置：素材文件\第 13 章\销售业绩表 1.xlsx），选中数据透视表中的任意单元格；❷ 在【数据透视表工具 / 设计】选项卡的【布局】组中单击【空行】按钮；❸ 在弹出的下拉列表中选择【在每个项目后插入空行】选项，如下图所示。

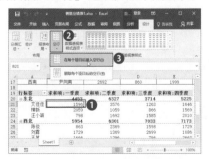

第 2 步： 操作完成后，每个项目后都

将插入一行空行，如下图所示。

19. 插入切片器

使用说明

切片器是一款筛选组件，用于在数据透视表中辅助筛选数据。切片器的使用既简单，又方便，可以帮助用户快速在数据透视表中筛选数据。

解决方法

如果要插入切片器，具体操作方法如下。

第 1 步： ❶ 打开素材文件（位置：素材文件\第 13 章\家电销售情况 1.xlsx），选中数据透视表中的任意单元格；❷ 在【数据透视表工具 / 分析】选项卡的【筛选】组中单击【插入切片器】按钮，如下图所示。

第2步：❶ 弹出【插入切片器】对话框，在列表框中选择需要的关键字，本例中勾选【销售日期】和【品牌】复选框；❷ 单击【确定】按钮，如下图所示。

第3步：返回工作表中即可查看到切片器已经插入，如下图所示。

20. 使用切片器筛选数据

使用说明

插入切片器后，就可以通过它来筛选数据透视表中的数据了。

解决方法

如果要使用切片器筛选数据，具体操作方法如下。

第1步：❶ 打开素材文件（位置：

素材文件 \ 第 13 章 \ 家电销售情况 2.xlsx），在【销售日期】切片器中单击需要查看的字段选项，本例选择【2018/6/4】、【2018/6/5】即可（先选择【2018/6/4】选项，再按住【Ctrl】键不放，选择【2018/6/5】），如下图所示。

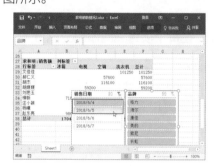

第2步：在【品牌】切片器中单击需要查看的字段选项，本例选择【海尔】，选择完成后即可筛选出 2018 年 6 月 4 日和 2018 年 6 月 5 日海尔电器销售情况，如下图所示。

知识拓展

在切片器中设置筛选条件后，右上角的【清除筛选器】按钮便会显示可用状态，对其单击，可清除当前切片器中设置的筛选条件。

21. 在多个数据透视表中共享切片器

使用说明

在 Excel 中，如果根据同一数据源创建了多个数据透视表，我们可以共享切片器。共享切片器后，在切片器中进行筛选时，多个数据透视表将同时刷新数据，实现多数据透视表联动，以便进行多角度的数据分析。

解决方法

例如，在"奶粉销售情况.xlsx"中，根据同一数据源创建了三个数据透视表，显示了销售额的不同分析角度，效果如下图所示。

现在要为这几个数据透视表创建一个共享的【分区】切片器，具体操作方法如下。

第1步： ❶ 打开素材文件（位置：素材文件\第13章\奶粉销售情况.xlsx），在任意数据透视表中选中任意单元格；❷ 在【数据透视表工具 / 分析】选项卡的【筛选】组中单击【插入切片器】按钮，如下图所示。

第2步： ❶ 弹出【插入切片器】对话框，勾选要创建切片器的字段名复选框，本例勾选【分区】复选框；❷ 单击【确定】按钮，如下图所示。

第3步： ❶ 返回工作表，选中插入的切片器；❷ 单击【切片器工具 / 选项】选项卡下【切片器】组中的【报表连接】按钮，如下图所示。

第 4 步： ❶ 弹出【数据透视表连接（分区）】对话框，勾选要共享切片器的多个数据透视表选项前的复选框；❷ 单击【确定】按钮，如下图所示。

第 5 步： 共享切片器后，在共享切片器中筛选字段时，被连接起来的多个数据透视表就会同时刷新。例如，在切片器中单击【南岸区】字段，该工作表中共享切片器的三个数据透视表都同步刷新了，如下图所示。

13.2　数据透视图的应用技巧

扫一扫，看视频

数据透视图是数据透视表的更深层次的应用，它以图表的形式将数据表达出来，从而可以非常直观地查看和分析数据。下面将介绍数据透视图的相关应用技巧。

1. 创建数据透视图

使用说明

要使用数据透视图分析数据，首先要创建一个数据透视图，下面就来讲解其创建方法。

解决方法

如果要在工作表中创建数据透视图，具体操作方法如下。

第 1 步： 打开素材文件（位置：素材文件 \ 第 13 章 \ 销售业绩表 .xlsx），❶ 选中数据区域；❷ 在【插入】选项卡的【图表】组中单击【数据透视图】下拉按钮；❸ 在弹出的下拉列表中选择【数据透视图】选项，如下图所示。

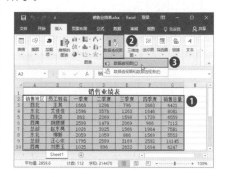

第 2 步： ❶ 弹出【创建数据透视图】对话框，此时选中的单元格区域将自动引用到【表 / 区域】参数框。在【选择放置数据透视图的位置】栏中设置数据透视图的放置位置，本例中选中【现有工作表】单选按钮，然后在【位置】参数框中设置放置数据透视图的起始单元格；❷ 单击【确定】按钮，如下图所示。

第 3 步： 返回工作表，可以看到工作表中创建了一个空白数据透视表和一个数据透视图，如下图所示。

> **知识拓展**
>
> 在 Excel 2007、2010 中创建数据透视图略有不同。选择数据区域后，切换到【插入】选项卡，在【表格】组中单击【数据透视表】按钮下方的下拉按钮，在弹出的下拉列表中选择【数据透视图】选项，在接下来弹出的【创建数据透视表及数据透视图】对话框中进行设置即可。

第 4 步： 在【数据透视图字段】列表中勾选想要显示的字段即可，如下图所示。

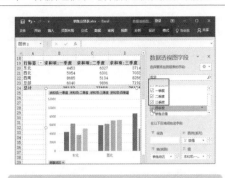

> **知识拓展**
>
> 在 Excel 2007、2010 中创建数据透视图后，均在【数据透视图字段列表】窗格中设置字段。在 Excel 2013 中创建数据透视后，会自动打开【数据透视图字段】窗格，在【数据透视图字段】或【数据透视表字段】窗格中设置字段后，数据透视图与数据透视表中的数据均会自动更新。

2. 利用现有数据透视表创建数据透视图

使用说明

创建数据透视图时，还可以利用现有的数据透视表进行创建。

解决方法

如果要在数据透视表基础上创建数据透视图，具体操作方法如下。

第 1 步： 打开素材文件（位置：素材文件\第 13 章\家电销售情况 3.xlsx），❶选中数据透视表中的任意单元格；❷单击【数据透视表工具/分析】选项卡下【工具】组中的【数据透视图】按钮，如下图所示。

第 2 步： ❶ 弹出【插入图表】对话框，选择需要的图表样式；❷ 单击【确定】按钮，如下图所示。

3. 更改数据透视图的图表类型

使用说明

创建数据透视图后，还可根据需要更改图表类型。

解决方法

如果要更改数据透视图的类型，具体操作方法如下。

第 3 步： 返回工作表，即可看到创建了一个含数据的数据透视图，如下图所示。

第 1 步： 打开素材文件（位置：素材文件\第 13 章\家电销售情况 4.xlsx），❶ 选中数据透视图；❷ 单击【数据透视图工具/设计】选项卡下【类型】组中的【更改图表类型】按钮，如下图所示。

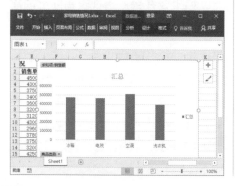

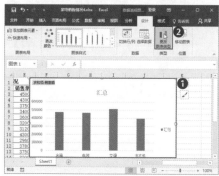

第 2 步： ❶ 弹出【更改图表类型】对话框，选择需要的图表类型及样式；❷ 单击【确定】按钮，如下图所示。

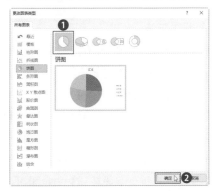

第 3 步： 返回工作表，即可查看到数据透视图类型已经更改，如下图所示。

4. 将数据标签显示出来

使用说明

创建数据透视图后，可以像编辑普通图表一样对其进行设置标题、显示／隐藏图表元素、设置纵坐标的刻度值等相关编辑操作。

解决方法

例如，要将图表元素数据标签显示出来，具体操作方法如下。

打开素材文件（位置：素材文件 \ 第 13 章 \ 家电销售情况 5.xlsx），❶ 选中数据透视图，单击【图表元素】按钮➕，打开【图表元素】窗口；❷ 勾选【数据标签】复选框，图表的分类系列上即可显示具体的数值，如下图所示。

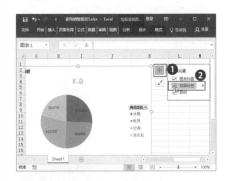

5. 在数据透视图中筛选数据

使用说明

创建好数据透视图后，可以通过筛选功能，筛选出需要查看的数据。

解决方法

如果要在数据透视图中通过筛选功能筛选需要查看的数据，具体操作方法如下。

第 1 步： ❶ 打开素材文件（位置：素材文件 \ 第 13 章 \ 家电销售情况 4.xlsx），在数据透视图中，单击字段按钮，本例中单击【商品类别】；❷ 在弹出的下拉列表中设置筛选条件，如在列表框中只勾选【冰箱】和【电视】复选框；❸ 单击【确定】按钮，如下图所示。

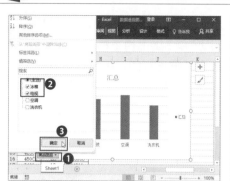

第 2 步： 返回数据透视图，可以看到设置筛选后的效果，如下图所示。

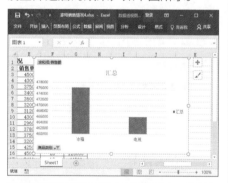

6. 在数据透视图中隐藏字段按钮

　　使用说明

　　创建数据透视图并为其添加字段

后，数据透视图中会显示字段按钮。如果觉得字段按钮会影响数据透视图的美观，可以将其隐藏。

　　解决方法

　　如果要隐藏数据透视图中的字段按钮，具体操作方法如下。

　　打开素材文件（位置：素材文件\第 13 章\家电销售情况 6.xlsx），❶在数据透视图中，右击任意一个字段按钮；❷在弹出的快捷菜单选择【隐藏图表上的所有字段按钮】命令即可，如下图所示。

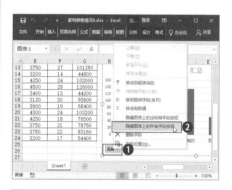

7. 将数据透视图转换为静态图表

使用说明

数据透视图是一种基于数据透视表创建的动态图表，与其相关联的数据透视表发生改变时，数据透视图将同步发生变化。如果用户需要获得一张静态的、不受数据透视表变动影响的数据透视图，则可以将数据透视图转换为静态图表，断开与数据透视表的连接。

解决方法

如果要将数据透视图转换为静态图表，具体操作方法如下。

第 1 步：打开素材文件（位置：素材文件\第 13 章\家电销售情况 5.xlsx），选中数据透视图，按下【Ctrl+C】组合键进行复制。

第 2 步： ❶ 新建 "Sheet 2" 工作表，并切换到该工作表；❷ 在【开始】选项卡的【剪贴板】组中单击【粘贴】

下拉按钮；❸ 在弹出的下拉列表中选择【图片】选项 即可，如下图所示。

> 💡 **温馨提示**
>
> 如果希望数据透视图不受关联数据透视表的影响，还有一个非常直接的方法，即直接选中整个数据透视表，然后按下【Delete】键将其删除，此时数据透视图仍然存在，但数据透视图中的系列数据将转为常量数组形式，从而形成静态的图表。此方法虽然简单直接，但是删除了与其相关联的数据透视表后，数据透视图的数据完整性遭到了破坏，所以一般不建议用户使用该方法。

✏️ 读书笔记